よくわかる

# Salesforceの導入と運用

営業チーム&情シスのための基礎知識

KLever株式会社 長谷川 慎 著

秀和システム

●注意

(1) 本書は著者が独自に調査した結果を出版したものです。
(2) 本書は内容について万全を期して作成いたしましたが、万一、ご不審な点や誤り、記載漏れなどお気付きの点がありましたら、出版元まで書面にてご連絡ください。
(3) 本書の内容に関して運用した結果の影響については、上記(2)項にかかわらず責任を負いかねます。あらかじめご了承ください。
(4) 本書の全部または一部について、出版元から文書による承諾を得ずに複製することは禁じられています。
(5) 本書に記載されているホームページのアドレスなどは、予告なく変更されることがあります。
(6) 商標
本書に記載されている会社名、商品名などは一般に各社の商標または登録商標です。なお、本文中にはTM、(R)を明記しておりません。
(7) Salesforceのバージョン
本書は、下記のバージョンをベースに執筆/編集を行っております。
・Summer'22

# はじめに

Salesforce（セールスフォース）は、世界で15万社以上の企業に導入されている先進のCRM/SFA/MAです。最近では、ビジュアル化されたデータで分析可能なTableau（タブロー）やコミュニケーションツールのSlack（スラック）もSalesforceに加わりました。もちろんSalesforceと連携できるため、よりスムーズな分析やコミュニケーションが可能になり、さらに進化したSalesforceを活用できます。

本書『**図解入門 よくわかる 最新 Salesforceの導入と運用**』は、これからキャリアアップのためにSalesforceを学びたい方や、Salesforceの導入前に何ができるか、またどのように設定するかなどを知りたい方に向けて執筆いたしました。

Salesforceは、文章の説明だけだと、なかなか伝わりにくい部分が多いため、実際の画面や図表などを多く使いました。そして、Salesforceを学ぶ方の側にいつも置いていただける入門書を目指し、わかりにくい表現や専門用語はなるべく避け、Salesforceの概要やすばらしい部分が直感的に伝わることを最優先いたしました。

本書でSalesforceの概要や設定方法を学び、さらにSalesforceに備わっている標準機能を理解いただくことで、その後、オブジェクト構築やさまざまな設定をする際にスムーズに進められます。

Salesforceを使い始めた方がよくやりがちなのが、構築の際にすでにある機能を自分で作ってしまうことです。これは、かなり時間の無駄です（私もSalesforceを使い始めた時に標準機能を知らず、必要だと思って自作していた経験があります）。また、自社でSalesforceを内製している場合は別ですが、構築パートナーに依頼している場合は、時間とコストの浪費になってしまいます。後から気づいた時には手遅れです。

まずは本書を読んでいただき、標準機能を把握いただくことがSalesforceの導入期間を短くし、効率的に運用いただく最善の方法だと思っています。

本書を活用して、Salesforceが皆様の組織により良い成果をもたらし続けることを願ってやみません。

著者記す

# 図解入門 よくわかる最新 Salesforceの導入と運用

## CONTENTS

## 第7章 標準オブジェクトの登録方法



## 第8章 レポートの作成



## 第9章 ダッシュボードの作成



## 第10章 カスタムオブジェクトの作成

## 第14章 AppExchangeによる拡張



## 第15章 Salesforceでキャリアアップ



## 巻末資料

# Salesforceの特徴

Salesforceとは「どういうものなのか?」「CRM、SFA、MAとは何か?」から始まり、Salesforceの歴史とSalesforceのライセンス、エディションや機能の概要についても触れていきます。

図解入門
How-nual

1-1

# CRMとSalesforce

CRMは、顧客関係管理のことです。Salesforceにおいて、CRMがどのように実現されているかを説明します。

## CRMは顧客との関係性

**CRM**は「Customer Relationship Management」の略で、日本語では**顧客関係管理**と呼ばれます。顧客との関係性を一元管理し、顧客をより深く理解するのに役立ちます。

Salesforceにおいて「顧客との関係性」は最も重要な部分で、Salesforceはここから始まると言っても過言ではありません。顧客情報を1つの場所にまとめ、メンバーがいつでも顧客情報にアクセスできるようにし、さらに最新情報を確認しながらスムーズに営業活動ができるようにすることで、生産性が確実に上がっていきます。

CRM部分で情報が正確に集められているかが、この後に説明するSFAやMAで効果を出すための鍵になります。

## CRMのメリット

CRMを活用するメリットとして、どんなものがあるのかを見ていきましょう。

### ●顧客情報の一元管理で生産性向上

CRMは、顧客情報を1つの場所で一元管理します。過去の営業活動で受注につながったものや、失注になってしまったものなど、すべての行動を記録・管理できます。CRMに情報を残すことで、結果が出た営業活動を分析できるので、今後の営業活動がより効率化になります。

### ●営業活動がより効率化

Salesforceでは、モバイルで情報の入力・確認ができます。上司のアドバイスやサポート、次の訪問先の情報を移動中でも手軽に確認することができます。また、日報業務も会社に戻ってからではなく、移動中にできるので直帰も可能になります。

### ●属人化からの脱却

それぞれのメンバーが持っている情報をCRMで一元管理すると、日々営業のノウハウが蓄積されていきます。そして、そのノウハウを活用することで、さらに効率の良い営業活動ができるようになります。また、新メンバーの研修でCRMに蓄積された情報を共有することで、短期間で戦力を高めることができます。

### ●リアルタイムな情報

メンバーがCRMに情報を入力した時点で、チーム全員に共有されます。そのため、個人での管理が不要になり、二重入力の非効率な作業から解放されます。また、リアルタイムの情報を武器に、質の高いスピーディな営業活動が実現できます。

### ●顧客満足度の向上

顧客情報は、所属部署に関係なく、メンバー全員で共有できます。問い合わせた顧客は、自分のことを知っておいてほしいものですが、顧客情報を共有できるCRMは、顧客満足度の向上につながります。

**図1　CRMのメリット**

顧客情報の一元管理で生産性向上

営業効率が向上

属人化からの脱却

リアルタイムな情報共有

顧客満足度の向上

## SalesforceにおけるCRM

選ぶ製品によってCRM機能は様々ですが、SalesforceのCRM領域で使用できる基本的な機能を説明します。

### ●顧客情報の管理

Salesforceには、取引先と取引先責任者という顧客情報を管理ができる機能があります。

**取引先**は、自社との間で何らかの関係が成立している団体、個人、企業のことです。顧客企業、競合企業、パートナー企業すべてが含まれます。個人取引先という個人に関する情報を保存するタイプもあります。

**取引先責任者**は、取引先に所属する人の情報です。1つの取引先に複数の取引先責任者を登録できます。Salesforceでは、進行中の案件のことを**商談**と呼びます。商談では取引先責任者を登録することで、取引先責任者がどのように商談に関わっているかを管理できます。

また、標準の管理項目のほかに、カスタマイズで手軽に項目を増やすことができますが、あまり管理項目を増やしすぎてしまうと、入力のストレスがかかってしまうので、導入段階では基本的な情報を管理するようにしましょう。

### ●商談の管理

**商談の管理**では、進捗状況や受注確度などの案件に関わる情報を管理します。また、競合他社の情報を蓄積し、カスタマイズで項目を作成することができます。さらに商談の内容を日々蓄積して、情報を集計・分析することで営業プロセスを改善していくこともできます。

### ●活動の管理

**活動の管理**は、顧客との間でどのようなやり取りがあったのかを時系列で記録できます。訪問した時の状況や電話の内容、資料の送付など、顧客とのコミュニケーションを記録しておくことで、過去の顧客とのやり取りを振り返ることできます。また、顧客情報を綿密に把握しておくことで、顧客満足度にもつながります。

### ●リード（見込み顧客）の管理

自社のWebサイトに問い合わせのあった見込み顧客や、開催したイベントでの見込み顧客などを種別に分け、成約の可能性がある**リード（見込み顧客）**として登録できます。リードのメールアドレスがあれば一括メールも可能で、さらに接点が増えます。また、リードの情報を管理しておくことで、様々な視点から顧客の分析ができます。

### ●データの分析

蓄積されたデータを用いて表やグラフを作成することで、多様な切り口からデータを分析できます。また、どのように分析したいかを事前に考えて項目を設定しておくと、項目でフィルタをかけて素早く分析できます。商談の管理や、未来の商談についても入力しておくことで、売上予測の分析に役立ちます。

**図2　SalesforceにおけるCRMのイメージ**

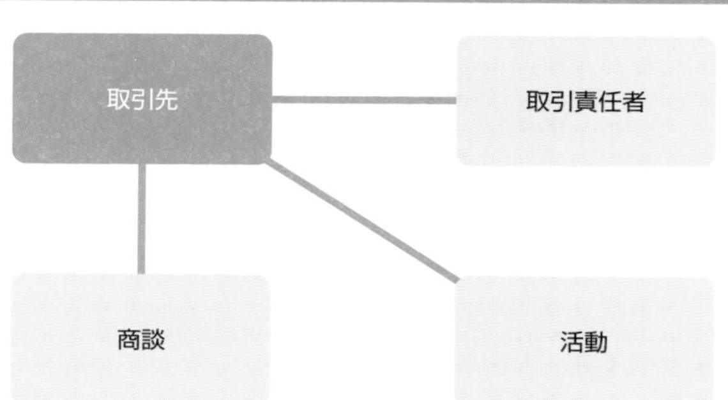


1つの顧客（取引先）に複数の取引先責任者、商談、活動を紐づけできる

# 1-2

# SFAとSalesforce

SFAは、営業支援システムのことです。Salesforceにおいて、SFAがどのように実現されているかを説明します。

## SFAは営業支援のためのツール

**SFA**は「Sales Force Automation」の略で、日本語では**営業支援システム**と呼ばれます。営業部門のメンバーが商談情報を蓄積し、効率的に商談を売上へつなげるためのツールです。

Salesforceでは、CRM部分で一元管理された最新の情報を元に、営業メンバーが訪問直前にモバイルで顧客の情報をチェックすることができます。訪問前に問い合わせなどがあっても手軽にその情報の確認ができ、回答を用意した状態で商談に臨めるので、質の高い商談を進めることできます。

また、ほかの営業メンバーの行動も把握できるので、営業メンバーを管理するマネージャ*も効率的やサポートができます。

## SFAのメリット

SFAを活用するメリットとして、どんなものがあるのかを見ていきましょう。

### ●属人化営業からの脱却

素晴らしい営業ノウハウを営業メンバーが個々に抱えてしまうと、個人プレイは問題ありませんが、**組織***として顧客満足につながる営業はできません。営業ノウハウを共有することで、組織として効率の良い営業が可能となります。

顧客からの問い合わせがあった場合、従来の属人化された営業では担当者以外の顧客対応がとても難しくなり、顧客満足はほど遠いものとなります。SFAで顧客情報を共有することで、担当者以外の営業メンバーでも安定した顧客対応ができます。

---

* **マネージャ**　各ユーザがSalesforceで設定する上司のこと。
* **組織**　Salesforceでは、利用しているユーザの会社や団体を組織と呼ぶ。

### ●営業活動の可視化

SFAで営業活動を可視化することにより、全営業メンバーの動きを把握できるようになります。そのため、商談を進めることが難しい場面に陥っている営業メンバーがいる場合、マネージャが素早く対処法を共有したり、ほかの営業メンバーがサポートするなど、組織全体で営業をサポートできます。

また、外出先で情報の確認はもちろん、入力もできるので、帰社してからの営業報告ではなく、帰社せずに営業日報を作成してマネージャへの報告が可能となります。

### ●顧客フォローのタイミングを逃さない

提案中の顧客の次のアクションをいつにするかを、SFAでアラートを出すようにセットしておくことができます。過去の成功事例から、顧客や営業メンバーによって最適なタイミングが異なります。例えば、「見積を提出した翌日に電話を入れると商談の受注確率が最も高い」という結果が出ていれば、見積提出の1日後に「電話を入れる」とSFAでアラートをセットしておけば良いわけです。

誰でもうっかり忘れてしまうことがありますから、SFAに忘れてはいけない情報を書き込むことで、うっかりが圧倒的になくなります。うっかりがなくなれば顧客満足度も向上して最適なタイミングでアクションを起こせるようになります。

### ●商談の基準の共通化

属人化された組織の個々の商談の進捗状況は、担当者の主観に頼らざるを得なかったかもしれません。しかし、SFAで組織内のすべての営業メンバーが共通の基準で商談を進めることができたら、売上予測が組織で共通化されるので、より信頼のおけるものとなります。

### ●ノウハウの共有で人材育成の効率化

ノウハウの共有は、組織の成長に必要不可欠です。成功事例、失敗事例を惜しみなく共有することで、組織のやるべきこと、やるべきではないことが判断しやすくなり、個々の実力の差を埋めることで組織全体としての成長が見込めます。

また、新人教育においても、共有されているノウハウを検索ができるので、能動的な学習が可能となります。メンバー同士でも、1つの商談に対してSFA上でのディスカッションができるので、より効率化であると言えます。

図1　SFAのメリット

属人化営業からの脱却

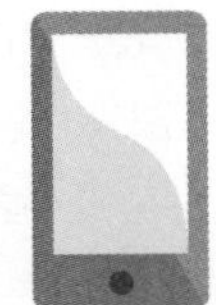

営業活動の可視化

顧客フォローのタイミングを逃さない

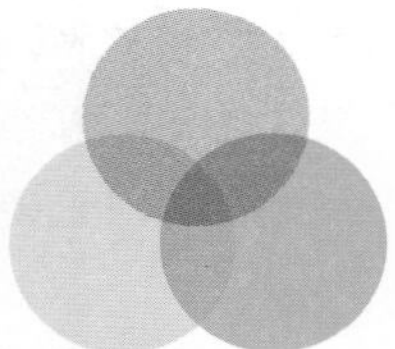

商談の基準の共通化

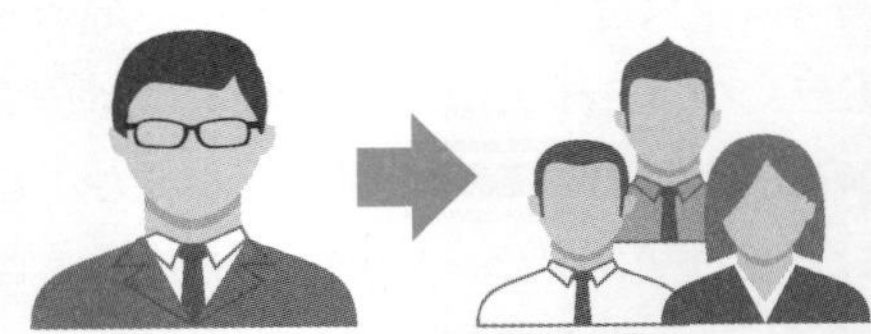

ノウハウ共有で人材育成の効率化

## SalesforceにおけるSFA

SFAも様々な製品がありますが、SalesforceにおけるSFAの基本的な機能を説明します。

### ●取引先情報の登録

Salesforceでは、取引先が登録されていないと**商談**を作成できません。取引先を登録することで、複数の商談を取引先に紐づけることができ、過去の商談や別の営業メンバーの商談も閲覧ができます。

### ●商談の作成

取引先の情報を入力した後、商談が作成できます。商談は、完了予定日やフェーズが必須項目になっています。**完了予定日**は、商談がいつ完了できるかという予定日を入力し、**フェーズ**は商談の進捗状況を入力します。フェーズの内容はカスタマイズが可能で、商談の種類でフェーズを切り替えたい場合、**セールスプロセス**という機能を使用すると、商談の種類ごとに、異なるフェーズを管理できます。

　商談では、商品の登録も可能です。商談で扱う商品を登録することで、商品の販売価格が商談の金額に合計され表示されます。

　また、フェーズの各段階には確度が設定されており、商談の金額に応じて、確度のパーセンテージで期待収益が自動計算されます。例えば、商談金額が1,000,000円でフェーズの確度が50%の場合、期待収益は500,000円になります。

**画面1　商談の画面**

# 1-3

# MAとSalesforce

MAは、マーケティングの自動化を実現するツールです。SalesforceにおけるMAの代表的な機能を説明します。

## MAはマーケティングの自動化ツール

MAは「Marketing Automation」の略で、**マーケティング活動を自動化するためのツール**を意味します。成約の可能性がある**リード（見込み顧客）**獲得から商談の効率化、さらにはリードのスコアリングもできるので、様々な視点で分析ができます。

従来のマーケティングでは、データ分析やスコアリングに多くの時間がかかっていましたが、MAを導入することで、人に頼っていた部分を自動化できます。獲得したリードがどれくらい興味があるのかをスコアリングし、有望なリードにより注力ができます。また、シナリオを作成することで、リードを抽出したり、ある条件に合ったリードにアクションをすることも自動化できます。

## MAの代表的な機能

MAツールにより多少異なりますが、MAの代表的な機能をいくつか解説します。

### ●リードの管理

リードには、「きっかけ」という意味があります。Webサイトやイベントなどにリードがどのように流入してきたかを管理でき、企業名や氏名、役職、メールアドレスなどの管理もできます。

### ●スコアリング

リードの興味も様々ですが、その興味の度合いをスコアリングしていきます。例えば、Webサイトに訪れたら3ポイント、メールを開封したら1ポイント、メールの本文のリンクをクリックしたら2ポイントというように、ポイントを加算できます。スコアが高いリードは自社に興味があるということになり、商談の受注率が高いと言えます。また、スコアリングの点数に応じて、自動化する内容を動的に変化させることもできます。

### ●メール配信

MAではメール配信が可能で、メールを送るリードのピックアップや、リードへのアクションに対しての自動返信メールなども可能です。また、リードのスコアリングなどで分析した結果に応じて、異なる内容のメールを自動で送信できます。

### ●分析レポート

例えば、「配信したメールをいつ開封したのか」などのリードのアクションや関心を、リンクのクリック率から分析できます。MAツールを使用しない場合、この分析には非常に労力がかかりますが、MAツールを使用すると集計の必要なく、レポート*で確認できます。リードのアクションの分析だけではなく、クリック率などを確認し、分析レポートを活用することで、配信のメールの質を高めることができます。

### ●CRM/SFAと連携

CRMやSFAは、MAと連携ができます。CRMで蓄積されている顧客情報や、SFAで蓄積された商談情報を連携することで、MAツールがさらに効率化されます。CRM、SFA、MAを連携することで、それぞれの情報を個々に分析するのではなく、総合的に分析でき、戦略を立てる際には連携による情報量が多い分、精度が向上します。

### ●シナリオ作成

MAツールによって機能に違いはありますが、**シナリオ作成**によって、より自動化が強化されます。例えば、「メールを送信し、メールを開封したら、2通目の別のメールを送信する」などのシナリオが作成でき、様々な条件で、アクションを分岐できます。リードごとに違ったアクションを設定できるので効率化につながり、コンテンツの作成などにより時間を使うことができます。

---

*レポート　関連する複数オブジェクトの複数のレコード（データ）を抽出し、グルーピングしてレコード件数、金額などを集計（最大・最小・合計・平均・中央値）する機能。

図1 MAの代表的な機能

## Salesforceにおける MA

MAも様々な製品がありますが、SalesforceにおけるMAの基本的な部分を説明します。

### ●プロスペクトの獲得

Salesforceでは、**Account Engagement**（アカウントエンゲージメント）という製品が主にMAを担います。成約の可能性がある顧客をSalesforceでは**リード**と呼び、リードと同期する新規メールアドレス登録者を**プロスペクト**と呼びますが、Account Engagementは、プロスペクトを獲得して商談につなげる製品です。例えば、登録フォーム（お問い合わせフォーム、イベント参加フォームなど）を通過したプロスペクトは、自動でAccount Engagementに登録されます。

### ●プロスペクトの育成

一度メールを配信しただけで、その後アクションを起こさないと、プロスペクトも自社から関心がなくなってしまいます。自社への関心を高めるコンテンツを分析して作成し、定期的に配信できるようになります。

### ●プロスペクトの評価

プロスペクトを育成したら、評価をしていきます。スコアリングで評価されたプロスペクトを選別し、プロスペクトごとに（Engagement Studioなどで）自動化してフォローをしていきます。

**画面1 Engagement Studioの画面**

# 1-4

# セールスフォース社の歴史と特徴

先進のCRM/SFA/MAとして全世界で15万社以上（2022年11月現在）に選ばれるSalesforceを開発・提供するセールスフォース社。その誕生の経緯などを簡単にご紹介します。

## 設立は1999年3月

セールスフォース社（Salesforce, Inc.*）は、米オラクル社の元幹部、マーク・ベニオフ*らによって、CRMを中心としたクラウドサービスの提供企業として1999年3月8日に設立されました。創業時にスティーブ・ジョブズ*がマーク・ベニオフの相談役として重要な役割を果たしています。

**マーク・ベニオフ**

2020年4月、サンフランシスコでの講演にて

---

| | |
|---|---|
| ＊**Salesforce, Inc** | 2022年、salesforce.com, inc.から改称。 |
| ＊**マーク・ベニオフ** | Marc Russell Benioff。1964年9月25日、米国カリフォルニア州サンフランシスコ生まれ。南カリフォルニア大学卒。米オラクル社には13年間在籍し、社歴上で最も若いバイスプレジデントに就任していた。 |
| ＊**スティーブ・ジョブズ** | Steven Paul Jobs。1955年2月24日、米国カリフォルニア州サンフランシスコ生まれ。米アップル社の共同創業者の一人であり、同社のCEOを務めた。 |

## サステナブルな社会を目指す企業

セールスフォース社は、創業当初より就業時間の1%、株式の1%、製品の1%を社会に還元する「1-1-1モデル（ワンワンワンモデル）」を実践し、よりサステナブルな社会を目指しています。

### ●就業時間の1%

セールスフォース社の従業員は、ボランティア活動や寄付などを通じて、コミュニティのニーズに応じたサポートを提供しています。

### ●株式の1%

助成プログラムを通じて、教育や労働力開発プログラムを支援することで、若者が自分の可能性を最大限に発揮できるようにしています。

### ●製品の1%

セールスフォース社の製品の寄贈・割引提供によって、非営利団体が業務の効率化を図り、多くの時間やリソースを社会的ミッション達成のために注力できるようにサポートしています。

サンフランシスコの本社（Salesforce Tower）

## 株式会社セールスフォース・ジャパン

日本法人である**株式会社セールスフォース・ジャパン**＊は、2000年3月に設立されました。クラウドコンピューティング・サービスの事業者として、日本国内でも多くの導入実績を持っています。

2019年4月には国内企業のDX＊の支援強化を目的に国内事業への投資を拡大することを発表しました。

また、2022年2月に世界で6番目、アジアで初となるSalesforce Towerを新たに開設しています。

＊**セールスフォース・ジャパン**　2022年、株式会社セールスフォース・ドットコムから改称。

＊**DX**　デジタル技術を用いて単なる業務の改善だけでなく、企業風土の変革をも実現させる取り組み。Digital Transformation（デジタルトランスフォーメーション）の略。

# 1-5

# Salesforceのプロダクト

Salesforceには、いくつかのプロダクトがあり、導入時には必ずプロダクトを選択する必要があります。



## 製品の違い

Salesforce導入にあたり、まず一般的な意味合いにおける「ライセンス」を指す**プロダクト**を選ぶ必要があります。代表的なSales Cloud（セールスクラウド）、Service Cloud（サービスクラウド）、Lightning Platform（ライトニングプラットフォーム）の3つの紹介しましょう。

まずSales Cloud、Service Cloud、Lightning Platformが共通で使用できる機能としては、次のものがあります。

**①取引先（顧客企業）**
**②取引先責任者（顧客企業に所属している人々）**
**③Chatter** *
**④行動とカレンダー**
**⑤ToDo** *

Sales CloudとService Cloudは、上記以外でも商談管理、ケース（問い合わせ）管理、商品管理などができます。

Lightning Platformは、Sales CloudやService Cloudより使用できる機能が少ないと覚えておきましょう。

## Sales Cloudの特徴

**Sales Cloud**は、新規顧客の発掘や案件受注のスピード化を図る機能が用意されている営業支援プロダクトです。

Sales Cloud、Service Cloud、Lightning Platformで使用できる顧客管理のほ

---

＊ **Chatter**　FacebookやTwitterのようなコミュニケーションツール。6-1節「Chatterの使い方① 社内ユーザ」を参照。

＊ **ToDo**　ToDo（やるべきこと）をレコードに関連させて登録する。例えば、ある取引先のページでToDoを作成した場合、その取引先に関連したToDoになる。

かに、案件の管理や見込み顧客管理、売上予測なども使用できるので、営業活動を一元化できます。

## Service Cloudの特徴

**Service Cloud**は、カスタマーサポートを効率良く行うことができるプロダクトで、Sales Cloud、Service Cloud、Lightning Platformで使用できる顧客管理のほかに、フィールドサービス*、チャット、CTI*、LINEなどと連携が可能です。

特徴的なのは「サービスコンソール」という機能で、複数の**レコード***および関連レコードを同じ画面で表示ができます。

## Lightning Platformの特徴

**Lightning Platform**は、Sales Cloud、Service Cloudと比べ、使用できる機能が限られているため、費用が安くなっています。

Sales Cloudの営業支援やService Cloudは、カスタマーサポートの機能を使用することができませんが、スモールスタートでSalesforceを導入したい場合に適しています。

---

***フィールドサービス** 顧客の拠点で自社の製品やサービスに対して行われる作業のこと。

***CTI** 音声電話システムとコンピュータシステムの統合を意味し、Salesforceでは、CTIの設定でコールセンター業務を行えるようになる。Computer Telephony Integrationの略。1-9節「Salesforceでできること・特徴③」を参照。

***レコード** ブジェクトの1行分のデータ。Excelでは、1行分にあたる。

# 1-6

# Salesforceのエディション

Salesforceには複数のエディションがあり、機能と価格が異なっています。それぞれのエディションの概要を確認していきましょう。



## 代表的なエディション

Salesforceでは、ビジネスのスタイルに合わせ、一般的な意味合いにおける「プラン」のような扱いの**エディション**があり、機能と価格が異なっています。それぞれの概要を確認していきましょう。代表的なエディションを４つ紹介します。

### ●Essentials Edition

Essential（エッセンシャル）は、一番安価なエディションです。カスタムオブジェクト*と言われるデータベーステーブルの作成ができないので、カスタムオブジェクトを作成したい場合は、別のエディションを選択する必要があります。

### ●Professional Edition

Professional（プロフェッショナル）は、カスタムオブジェクトが50個まで作成できます。デフォルトで存在するオブジェクトのほかに、オリジナルのデータベーステーブルを作成できます。

### ●Enterprise Edition

Enterprise（エンタープライズ）は、カスタムオブジェクトが200個まで作成できます。最も利用されているのが、このEnterpriseになります。プロセスビルダーやフローと呼ばれる自動化の機能も4,000個まで使用できます。

### ●Unlimited Edition

Unlimited（アンリミテッド）は、最上位のエディションです。カスタムオブジェクトが3,000個まで作成できます。カスタムオブジェクトの中に作成ができるカス

---

*カスタムオブジェクト　標準で用意されているオブジェクト（データベーステーブル）とは別に作成したオブジェクトのこと。3-2節「カスタムオブジェクト」を参照。

*カスタム項目　Salesforceにはじめから用意されている標準項目に対して、自分で作成した項目のこと。

タム項目*も800個まで作成できます。

## 自分のエディションの確認方法

現在使用しているエディションの確認は、[クイック検索] *→ [組織情報] 画面*に進み、[組織のエディション] 欄*で行います (**画面1**)。

画面1　組織情報

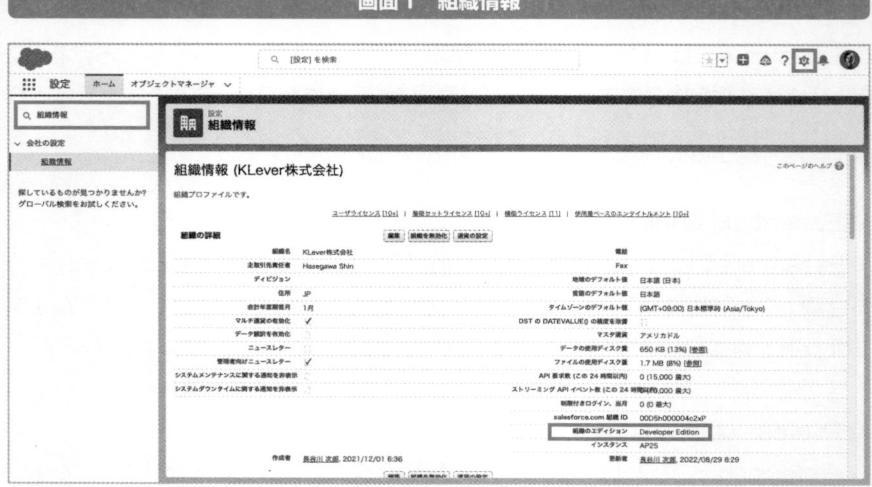


## ユーザライセンス

なお、特定の機能を有効にするには、ユーザごとに**ユーザライセンス**を付与する必要があります。プロファイルと1つ以上の権限セットライセンス*をユーザに付与することで、アクセスできる機能の基準が決まります。ほかの機能を有効にするには、ユーザに権限セットライセンスと機能ライセンス*を割り当てるか、組織でエンタイトルメント*を購入します。

---

* **[クイック検索]**　[歯車] アイコンから [設定] を選択すると、画面左上に表示される。
* **[組織情報] 画面**　[クイック検索] で「組織情報」を検索し、検索結果の [組織情報] をクリックすると表示される。
* **[組織のエディション] 欄**　画面に表示されているDeveloper (ディベロッパー) Editionは、開発者がSalesforceを拡張し、ほかのアプリケーションと統合して、新しいツールやアプリケーションを開発できるエディション。テクニカルサポートは提供されない。
* **権限セットライセンス**　ユーザライセンスには含まれない機能へのアクセス権を部分的に付与できる。権限セットライセンスは、複数割り当てることが可能。
* **機能ライセンス**　ユーザライセンスに含まれていない追加機能へのアクセス権をユーザに付与できる。権限セットライセンスと同様に、ユーザに数の制限なく割り当てることが可能。
* **エンタイトルメント**　Salesforceのカスタマーサポートのユニット。

# 1-7

# Salesforceでできること・特徴①

Salesforceの機能は多種多様ですが、代表的な機能をいくつか紹介します。まず、見込み顧客管理、Web-to-リード、商品管理、契約管理について説明します。



## リード管理

Salesforceでは、成約の可能性がある見込み顧客のことを**リード**と呼びます。「自社サイトに問い合わせをしてきた」「電話で自社製品の問い合わせがあった」など、自社と新規で接点を持ったリードを登録します。Excelに例えると、「リード」のシートに顧客情報の1人分を1行（1レコード）ずつ、登録していきます。

リードを登録する時の必須項目は「姓名」と「会社名」ですが、可能であればメールアドレスも登録しておくと、Salesforceから1対1のメールや、ある条件でリードを抽出して一斉にリストメール*も送ることができます。

### ●商談開始は取引の開始

商談が発生するタイミングで、リードを**取引先責任者**に昇格させます。Salesforceでは、**商談**を作成する際に、リードのままだと商談を作成できません。[取引の開始] ボタンをクリックすると、リードで登録した「会社名」が「取引先」になり、リードの姓名、メールアドレスなどが取引先責任者に昇格し、同時に商談も作成できます（**画面1**、**画面2**）。

[取引の開始] を使用することで、商談作成のために取引先、取引先責任者を新たに作成する必要がなくなります。商談が発生しない場合は、取引の開始画面で [取引開始時、商談は作成しない] にチェックを入れると、商談は作成されず、取引先、取引先責任者が作成されます。

---

*__リストメール__　リードや取引先責任者のリストビューから選択したリードや取引先責任者のメールアドレスに一括でメール送信できる。

画面1　取引の開始

画面2　取引の開始後の確認

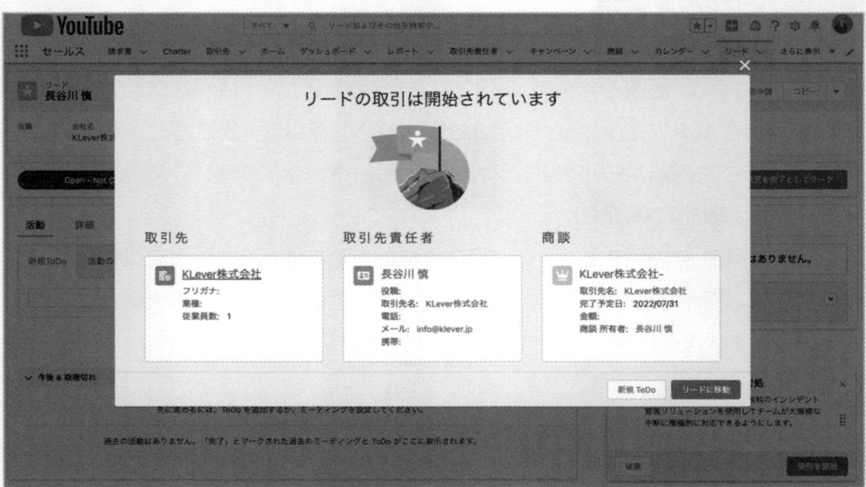

## Webからの新規問い合わせ管理（Web-to-リード）

**Web-to-リード**は、Webのお問い合わせからリードを自動で登録する機能です。顧客情報を入力してレコードを作成することもできますが、Salesforceで作成したフォームのHTMLタグを自社サイトに埋め込むと、そのフォームを通過した顧客は、自動でリードに登録されます。

従来の問い合わせフォームでは、指定されたメールアドレスに登録情報が送られてきて、その情報をSalesforceのリードに登録することになり、人の手が入るので入力ミスが発生する可能性があります。しかし、Web-to-リードを使用すると、顧客が問い合わせフォームに姓名、会社名、メールアドレスを入力して送信すると、その情報がそのままリードとして、1レコードが作成されるので、リード登録の効率化につながります。

Web-to-リードは、[Web-to-リード] 画面で*設定します（**画面3、画面4、画面5**）。

**画面3　Web-to-リード設定**

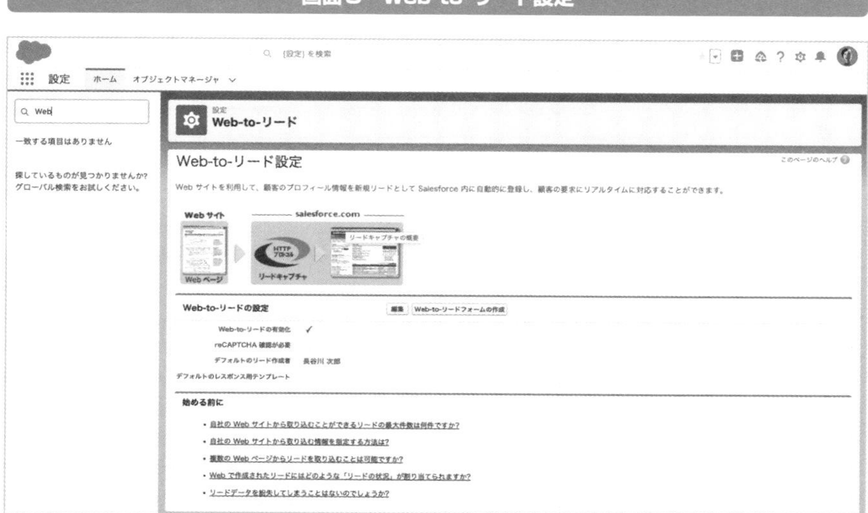


＊ **[Web-to-リード] 画面**　[クイック検索] で「Web」を検索し、検索結果の [Web-to-リード] を選択すると表示される。

画面4　Web-to-リードフォームの作成

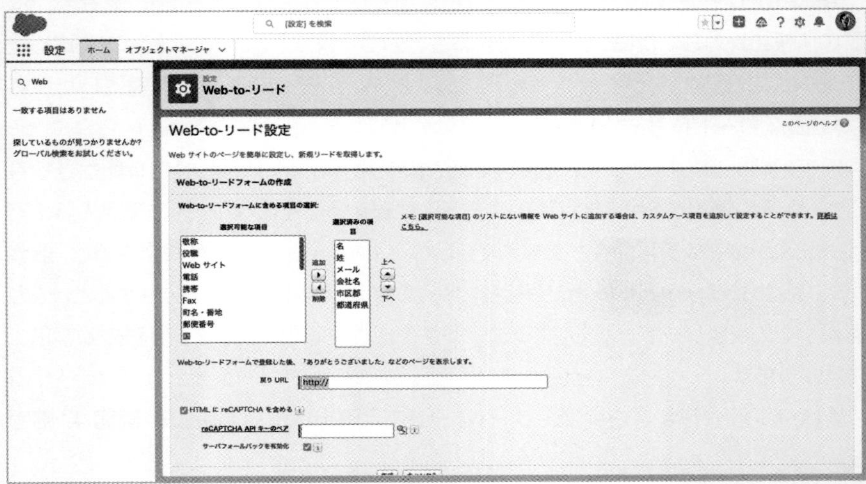


画面5　Web-to-リードフォームの作成（HTMLタグ表示）

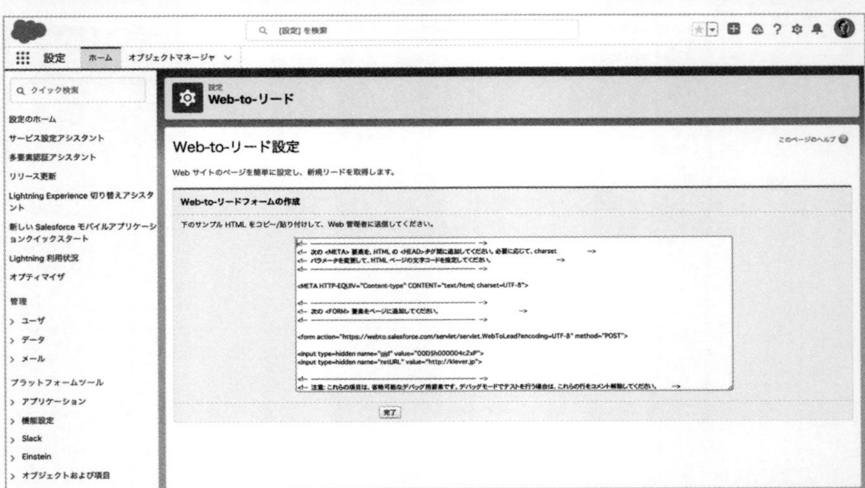

## 商談商品の管理

Salesforceでは、自社で扱う商品を**商談商品**として登録できる画面が用意されています（**画面6**）。商品を登録しておくと、商談で商談商品として扱うことができ、複数の商談商品がある場合は、商談で合計の金額も自動で計算してくれます。

商品名や商品コードが入力でき、情報を蓄積することができます。わかりにくいのが［商品ファミリ］欄ですが、こちらは「商品のカテゴリ」と考えていただいて問題ありません。商品ファミリは、選択リストになっていますが、選択できる値はカスタマイズ可能なので、自社に合った商品ファミリにしましょう。

**画面6　新規商品**

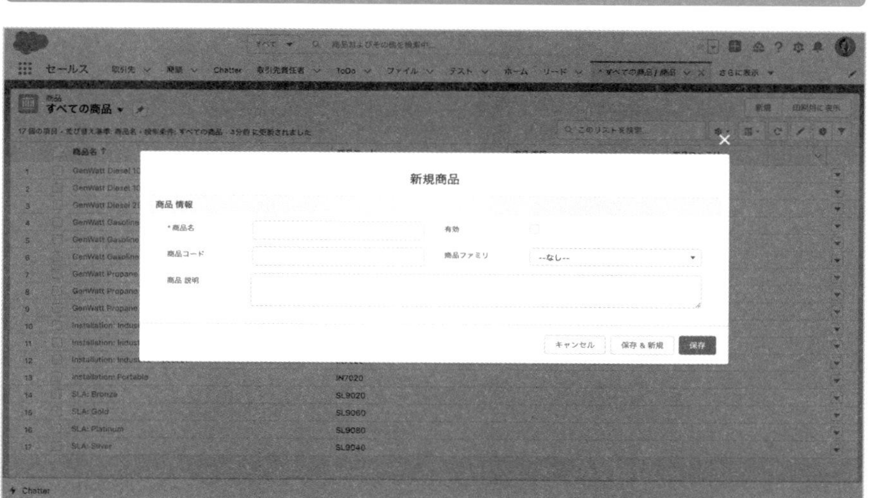


### ●価格表で販売価格を設定

商品のレコードページの［関連］を選択すると、**価格表**が登録済みであれば、表示されます（**画面7**）。1つの商品には、複数の価格表を持つことができます。つまり、販売価格を複数持つことができるので、商談の条件や取引先に応じて、簡単に商品の販売価格を変更できます。

**画面7　商品の関連リスト（価格表）**

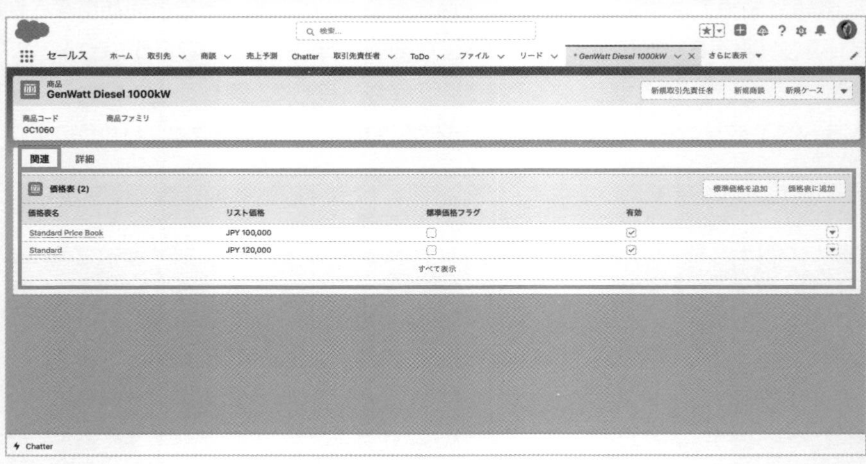


## ●商談作成時に商品を追加

商談の作成時に商品を一覧から追加できます（**画面8**）。商品を追加することで、どの商品が売れ筋なのかをレポートやダッシュボード*で分析できます。

**画面8　商品を追加**

＊**ダッシュボード**　レポートのデータをビジュアル化して、1つの画面に集約する機能。複数のレポートデータが一目瞭然で、全体像を俯瞰して素早く把握することができる。5-2節「ダッシュボードの概要」を参照。

## 契約情報の管理

Salesforceには、取引先との**契約情報**を登録できます（**画面9**）。[取引先名] [状況] [契約開始日] [契約期間（月）] が必須項目になっていますので、必ず入力してください。すべてに言えることですが、必須項目を入力しないと保存できません。

**画面9　新規契約**

### ●契約の設定を確認

契約の設定でしておいた方が良いのが、下記の３つです。

**①契約終了日の自動計算**
**②契約終了通知メールを取引先と契約所有者に送信する**
**③すべての状況の履歴管理**

これらは [契約の設定] ＊画面で設定します（**画面10**）。

[契約終了日の自動計算] は、[契約開始日] 欄と [契約期間（月）] 欄に入力すると、契約終了日を自動で計算してくれます。契約に終了日を設定しない場合は、チェックボックスを外し、無効にしてください。

＊ **[契約の設定] 画面**　[クイック検索] で「契約」を検索し、検索結果の [契約の設定] を選択すると表示される。

［契約終了通知メールを取引先と契約所有者に送信する］は、所有者*に対する終了通知を、例えば60日前に設定しておくと、契約レコードの所有者に契約終了60日前にメールで通知が届きます。

［すべての状況の履歴管理］は、デフォルトでは状況が［承認処理中］または［有効］の時の履歴を追跡しますが、この機能を有効にすると、すべての状況で履歴を追跡する設定になります。

画面10　契約の設定

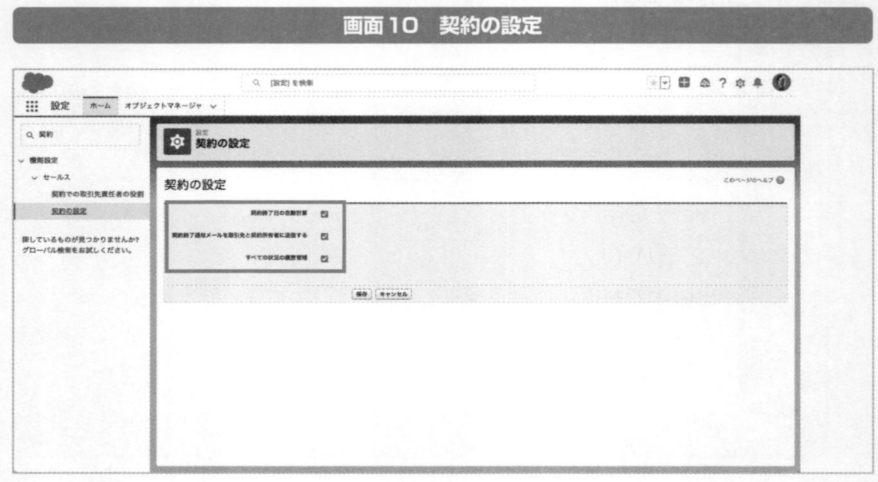


*所有者　レコード（取引先責任者またはケースなど）が割り当てられるユーザ。所有者のみが参照や編集できる設定が可能。

# 1-8

# Salesforceでできること・特徴②

Salesforceの自動化、売上予測、問い合わせ管理について説明します。



## ▶▶ 承認プロセスとワークフロー

自動化ツールである承認プロセスとワークフローを説明します。

### ●承認プロセス

Salesforce内で、申請から承認までを自動化できるのが**承認プロセス**です。経費の申請や見積金額について社内で申請をしたい場合、Salesforce内で上司に申請を送ります。上司はその申請を確認し、承認または却下をします。この承認プロセスは、Salesforceのモバイルアプリでも進めることができるので、場所に関係なく、例えば、上司が出張中でも申請から承認までSalesforce内で完結します。

### ●承認プロセスの開始条件

承認プロセスを開始する条件の設定は、［承認プロセス］画面*で行います。［新規作成］ボタンをクリックすると、承認プロセスの作成を開始できます（**画面1**）。

**画面1　承認プロセス（開始条件設定）**

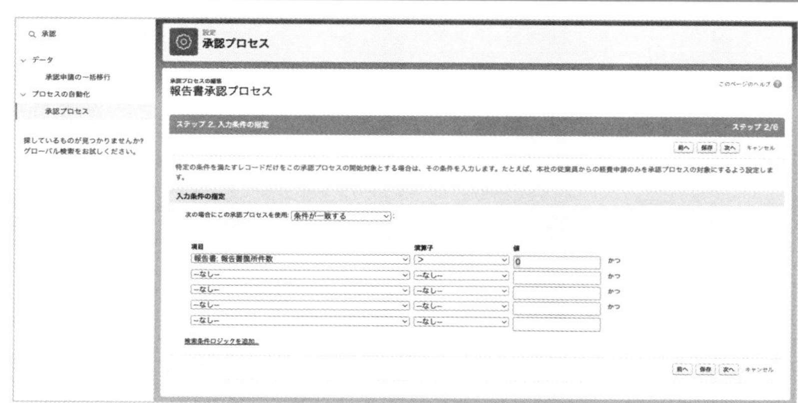


*［承認プロセス］画面　［クイック検索］で「承認」を検索し、検索結果の［承認プロセス］を選択すると表示される。

## ●承認ステップの設定

承認プロセスの開始条件の設定が完了したら、**承認ステップ**を設定していきます（**画面2**）。ステップは、最大30まで設定できます。最初からステップ数を多くすると、テストに時間がかかってしまうので、少ないステップ数から始めて、徐々に社内の定着と共にステップ数を増やしていきましょう。

承認ステップを設定したら、[申請時のアクション] [最終承認時のアクション] [最終却下時のアクション] [取り消しアクション] なども設定しましょう。各アクションに設定できるは、ToDo、メールアラート、項目自動更新*、アウトバウンドメッセージ*の4つです。

画面2 承認プロセス（承認ステップとアクションの設定）

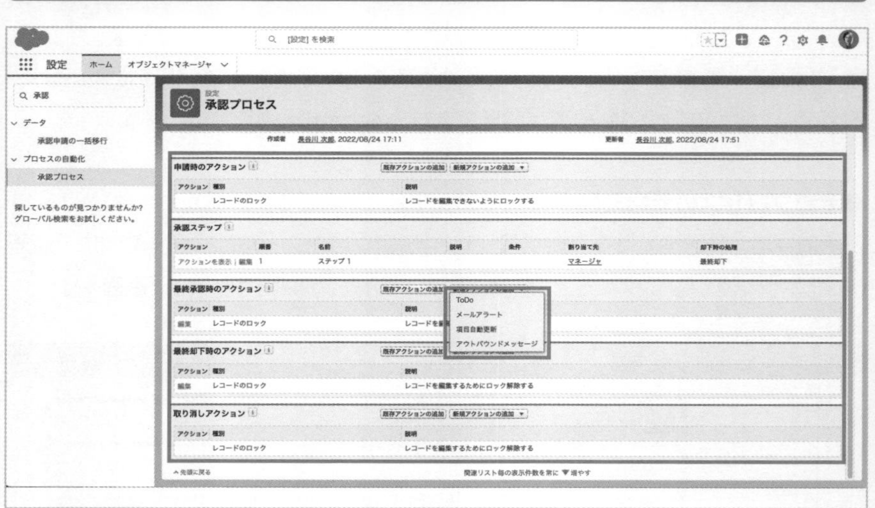


## ●ワークフロー

**ワークフロー**は、標準的な社内手続きやプロセスを自動化し、組織全体で時間を節約します。また、レコードが当てはまる条件になったら、別の項目を自動で更新できます。

---

* **項目自動更新**　項目を新しい値で自動的に更新するアクション。
* **アウトバウンドメッセージ**　所定の外部サーバに、項目値を含んだメッセージを送信するアクション。

### ●ワークフロールールの作成

ワークフロールールの作成は、[ワークフロールール] 画面*で行います (**画面3**)。ここでまずワークフロールールを適用するオブジェクトを選びます。

**画面3　ワークフロールール (新規ワークフロールール)**

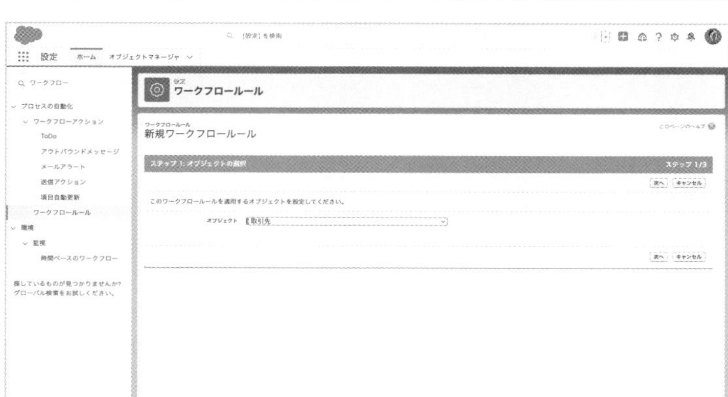

### ●ワークフローの起動条件の設定

ワークフローが起動する条件を設定します。評価条件は、下記の3タイプがあります。

**①作成された時**
**②作成された時、および編集されるたび**
**③作成された時、およびその後基準を満たすように編集された時**

上の3つから、起動させたい評価条件を選択し、ルール条件を設定しましょう。

### ●ワークフローアクションの追加

ワークフローの起動条件を設定したら、起動条件で作動するアクションを追加します (**画面4**)。アクションの種類は4種類で、ToDo、メールアラート、項目自動更新、アウトバウンドメッセージになり、承認プロセスのアクションの種類と同じです。

---

* **[ワークフロールール] 画面**　[クイック検索] で「ワークフロー」を検索し、検索結果の [ワークフロールール] を選択すると表示される。

**画面４　項目自動更新（新規項目自動更新）**

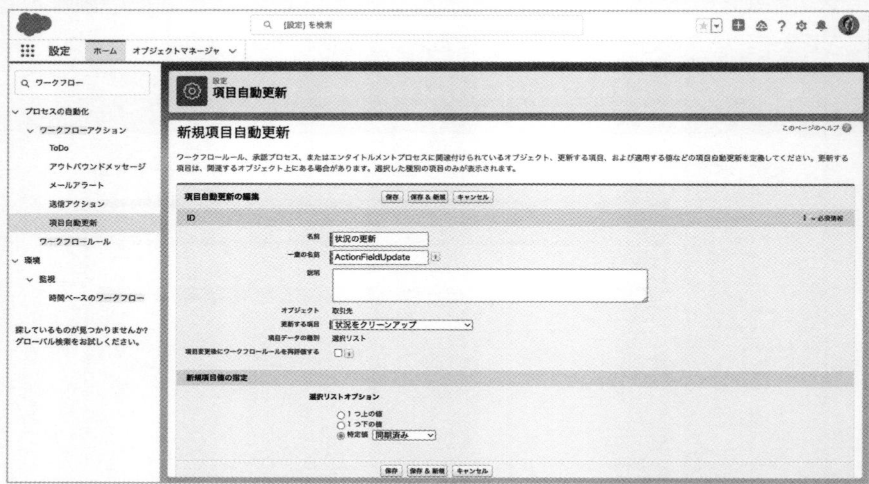


ワークフローアクションの追加が完了したら、最後は**有効化**してください（**画面5**）。有効化を忘れると、ワークフローが起動しないので気をつけてください。自動化のツールにすべて言えることですが、必ず有効化の手順があります。

**画面５　ワークフローの設定が完了後、有効化する**

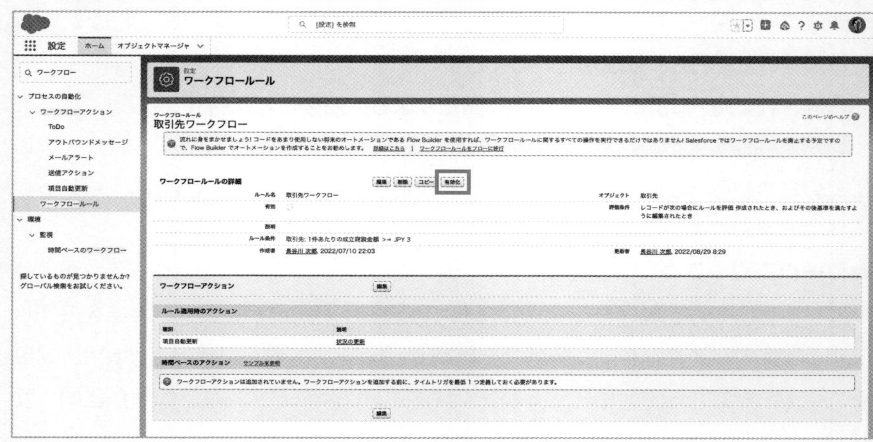

## 売上予測

Salesforceでは、商談の情報から**売上予測**を確認できます。売上予測は、使用する前に有効化が必要です。[売上予測の設定] 画面*で、[無効] のトグルスイッチを選択して有効化してください（**画面6**）。

### ●売上予測を確認

**画面6　売上予測の設定**

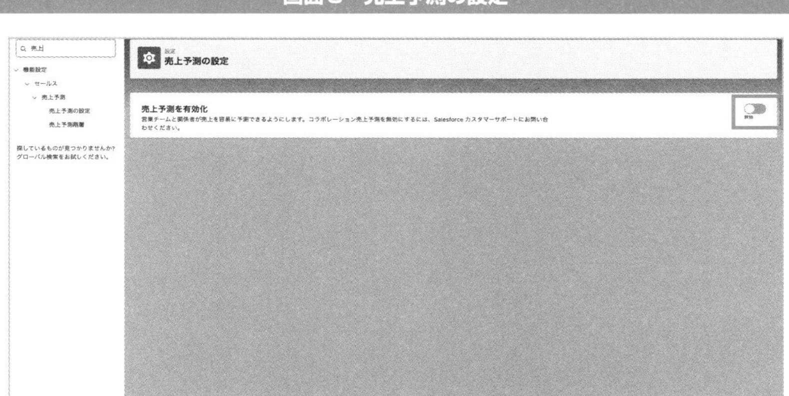


ナビゲーションバー*から [売上予測] を選択すると、売上予測が確認できます。商談の完了予定日とフェーズに紐づいている**売上予測分類***の表になります。売上予測分類は、売上予測に計上する売上の分類を決定します。特定の商談の売上予測分類を更新するには、その商談の売上予測を編集する必要があります。

**画面7**では、売上予測分類の「完了」列と「2022会計年度9月」が交わるところに「USD 650,000」と表記されていますが、その部分を選択すると、その商談の内訳を確認できます。

商談の内訳が複数ある場合は、見出し項目をクリックすると、降順・昇順の切り替えができます。売上予測分類は、商談の金額やフェーズ取引先情報など、正確な情報を入力しないと売上予測として間違った情報になるので、気をつけましょう。

---

* **[売上予測の設定] 画面**　[クイック検索] で「売上」を検索し、検索結果の [売上予測の設定] を選択すると表示される。
* **ナビゲーションバー**　ナビゲーションバーの左側に表示されているのは、現在選択しているアプリケーションになる。アプリケーションは、業務内容に応じてタブの表示順を並び替えることができる。標準で用意されている「セールス」は営業支援目的としたもの。
* **売上予測分類**　デフォルトの売上予測分類設定は、[フェーズ] 選択リストで設定されているフェーズに関連づけられている。

画面7 売上予測

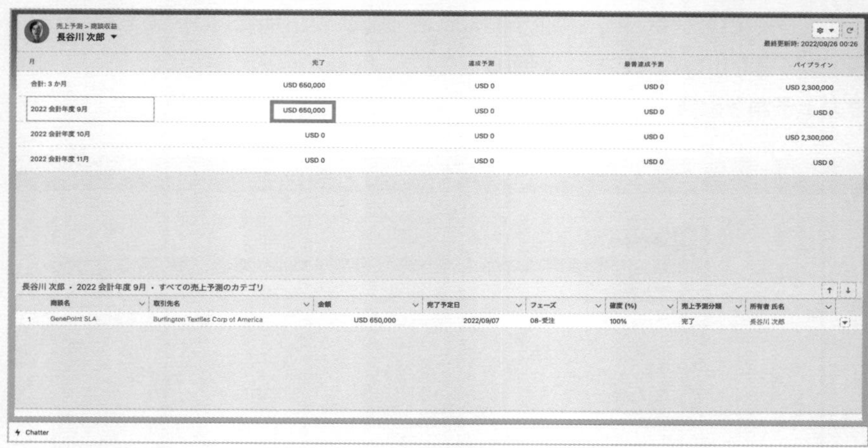

## ●売上予測範囲を設定

売上予測は、**売上予測範囲**も指定できます（**画面8**）。

画面8 売上予測範囲を設定

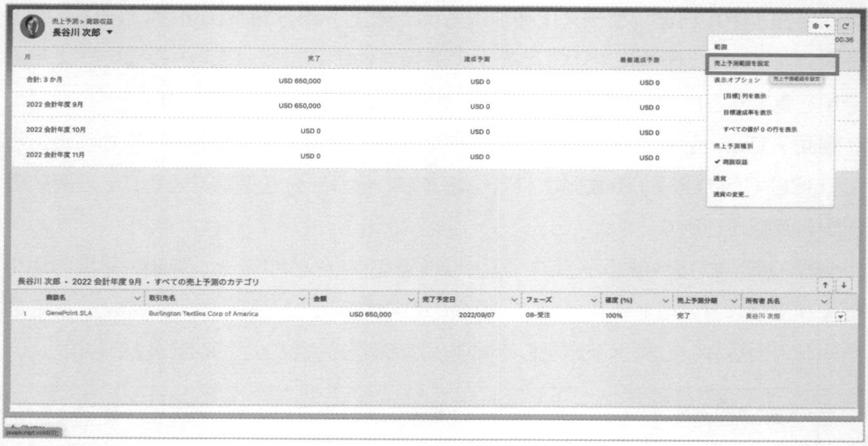

## 問い合わせ管理

Salesforceでは、問い合わせ管理に**ケース**を使用します。ケースは標準オブジェクトの一種で、顧客の質問やクレームなどを管理できます。ケースには、優先度もつけることができますので、優先度の高いものから並び替えて対応することもできます（**画面9**）。

**画面9　ケースの詳細**

ケースには、問い合わせてきた取引先、取引先責任者の情報を紐づけておくことができます（**画面10**）。これによって取引先や取引先責任者の画面で、過去のケースの情報もそれぞれ閲覧できます。また、同じ取引先でも、問い合わせてきた担当者（取引先責任者）が違う場合に、この機能は非常に便利です。取引先としてのケース履歴と、取引先責任者としてのケース履歴が存在するからです。

ケースには、**メール-to-ケース**という機能もあります。メールで問い合わせて来た情報をケースに自動登録する機能で、設定しておくと自社で問い合わせを入力する必要がなくなります。

画面10 取引先責任者の関連リストのケース履歴

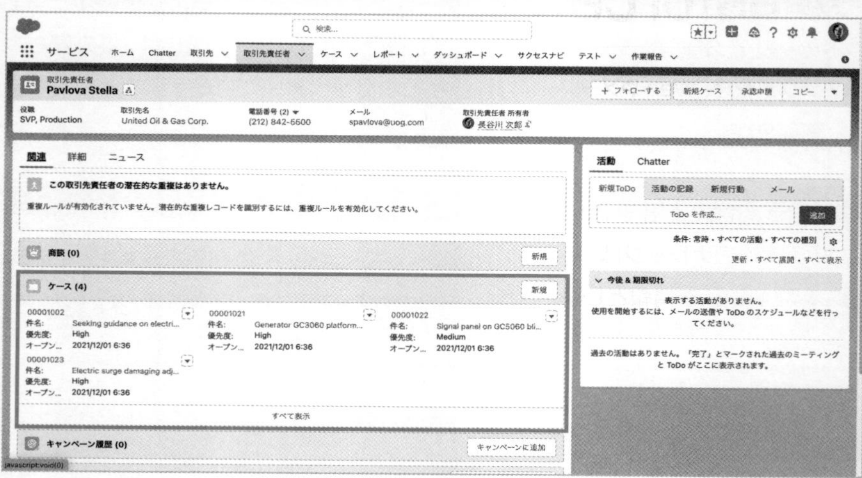

また、ケースにはチームを設定できるので、チームでケースに対応可能です（**画面11**）。

画面11 定義済みのケースチーム（定義済みのケースチームの追加）

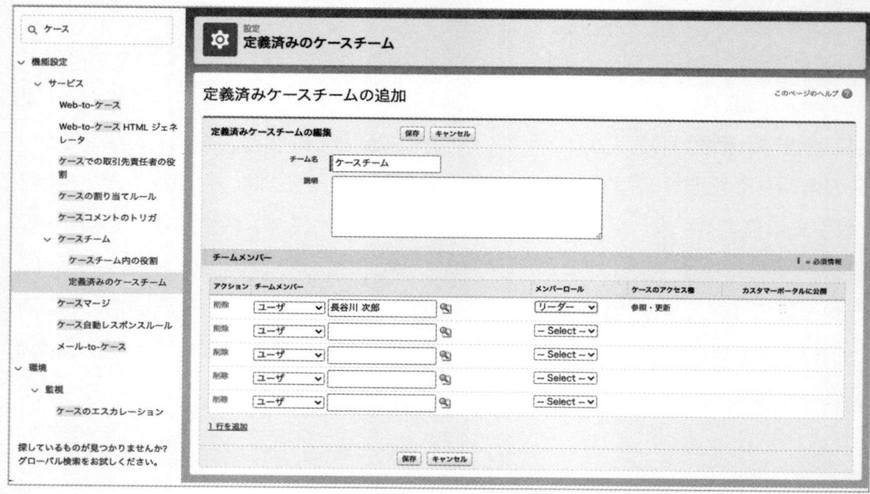

のコードを埋め込む必要があり、[Web-to-ケースHTMLジェネレータ] 画面*で、顧客に入力してほしい項目を [選択済み] に追加します (**画面3**)。[作成] ボタンをクリックすると、HTMLが表示されるので、コピーしてWebサイトに設定してください。



**画面3 Web-to-ケース設定**

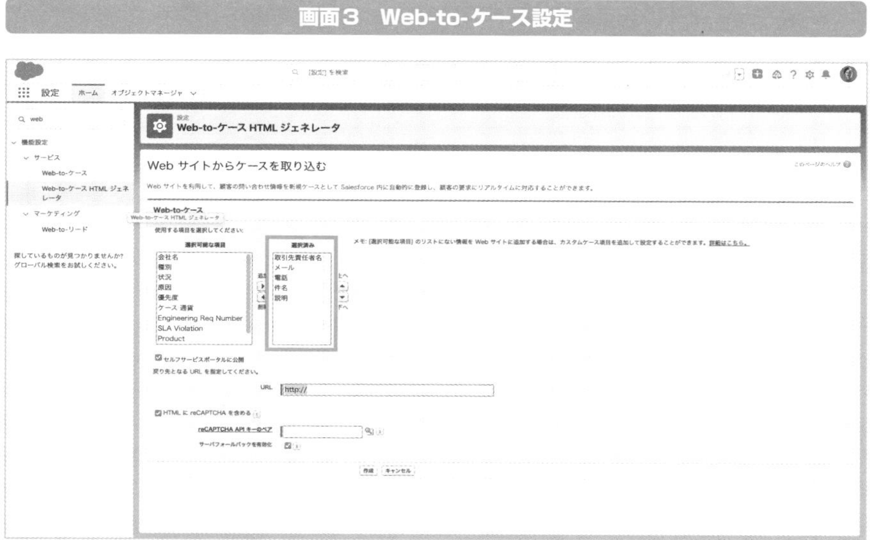


## ●メール-to-ケース

前述したメール-to-ケースを使用すると、顧客からのメールの問い合わせ内容を新規ケースとして自動登録してくれます (**画面4**)。その際、メールアドレスを1つ用意し、メール-to-ケースから自動で新規ケースが登録された際に、例えば次のような設定ができます。

**①ToDoを作成するかしないか?**
**②ToDo作成する場合、ToDoの状況は何にするか?**
**③ケースの所有者は誰で、優先度と発生源をどうするか?**

* **[Web-to-ケースHTMLジェネレータ] 画面** [クイック検索] で「Web」と検索し、検索結果の [Web-to-ケースHTMLジェネレータ] を選択すると表示される。

画面4　メール-to-ケース（メールアドレスの編集）

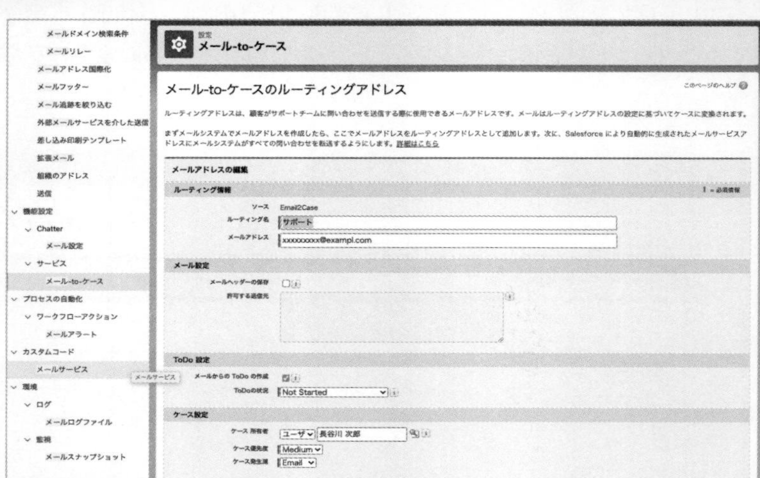


## CTIインテグレーション

**CTI**は「Computer Telephony Integration」の略で、音声電話システムとコンピュータシステムの統合を意味します。Salesforceでは、CTIの設定で**コールセンター業務**を行えるようになります。

CTIの設定は、[コールセンター] 画面*で行います（**画面5**）。

画面5　コールセンター

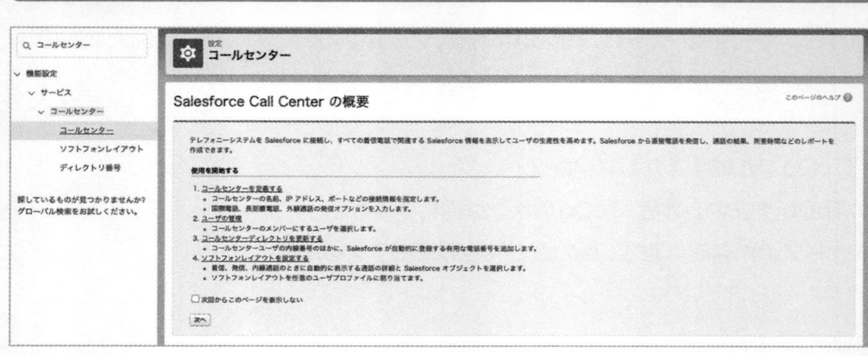


* **[コールセンター] 画面**　[クイック検索] で「コールセンター」と検索し、検索結果の [コールセンター] を選択すると表示される。

Salesforceユーザにも設定が必要なため、[ユーザ] 画面*で設定します (**画面6**)。ユーザの氏名の横にある [編集] ボタンをクリックし、[コールセンター] の項目で定義したコールセンターに変更します。

**画面6　ユーザ (コールセンターの設定)**

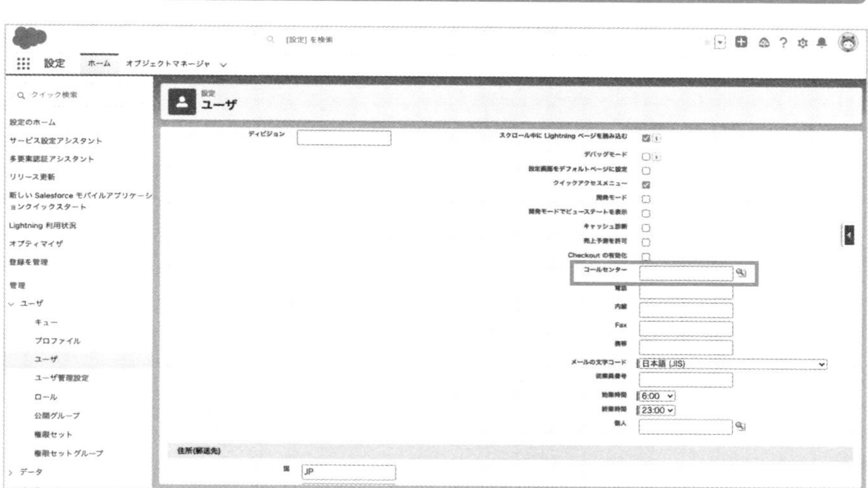


CTIにも様々な種類があり、設定方法が多少異なりますが、基本的な流れを説明しましょう。Salesforceのアプリが販売されているストアのAppExchange (https://appexchangejp.salesforce.com/) には、多数のCTIが用意されており、画面上部の [AppExchangeで検索] 欄で「CTI」と検索すると、CTIのアプリがヒットします (**画面7**)。それらのアプリケーションは、自社のSalesforceにインストールして利用できます。

---

* **[ユーザ] 画面**　[クイック検索] で「ユーザ」と検索し、検索結果の [ユーザ] を選択すると表示される。

## 画面7　AppExchangeでCTI検索の結果

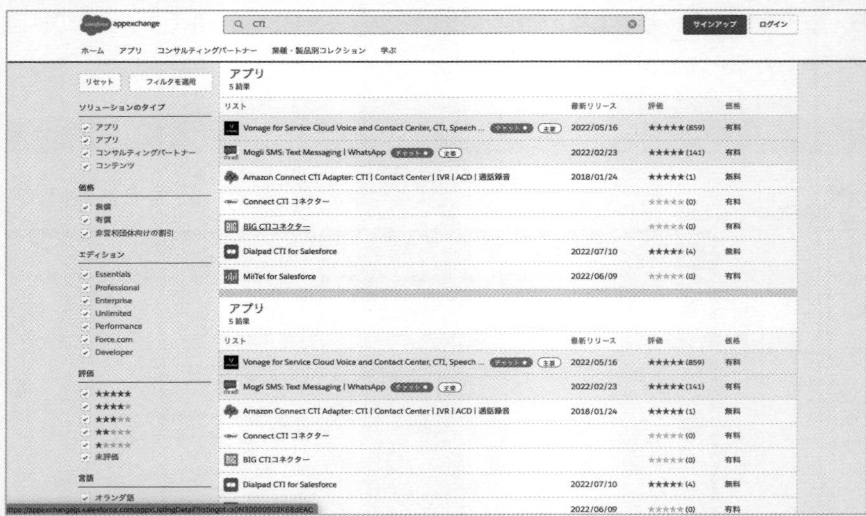

# 1-10 バージョンアップ

Salesforceのバージョンアップのタイミングや、新機能の確認方法について説明します。



## 年3回のバージョンアップ

Salesforceは、年3回の**バージョンアップ**があり、新機能が続々更新されます。Salesforceのバージョンアップは、基本的に10月（Winter）、2月（Spring）、6月（Summer）のように月によって季節の名前がつきます。例えば、2022年の6月のバージョンアップでは「Summer' 22」という名前になり、2022年10月のWinterで次の年になるので、「Winter' 23」になります（**画面1**）。

画面1　バージョンのアイコン（Summer' 22）

アプリケーション切り替え時に、現在のバージョンのアイコンが表示されるので、ここが変わった時はバージョンアップされていることになります。

また、バージョンアップされるたびに新機能が追加されます。そのため、どんな機能が追加されているのかが確認できる**リリースノート**が用意されています。Webの検索サイトで「Salesforce リリースノート」と検索すると、リリースノートがヒットするので、現バージョンのリリースノートを確認しましょう（**画面2**）。例えば、今日が2022年7月1日だとしたら、「Summer' 22」が最新バージョンになります。

「リリースノートの使用方法」を選択すると、PDF版とHTML版が用意されているので、一度確認してみましょう（**画面3**）。

**画面2 「Salesforce リリースノート」で検索した結果**

Google　salesforce リリースノート

すべて　ニュース　画像　ショッピング　動画　もっと見る　ツール

約 353,000 件 （0.30 秒）

https://help.salesforce.com › apex › HTViewHelpDoc
Summer '22 - リリースノート - Salesforce Help
Salesforce Summer '22 リリースノート. Summer '22 リリースでシームレスにデータを統合し、有意義なインサイトを見つけ、顧客と生涯にわたる関係を築き、ビジネス ...

https://help.salesforce.com › articleView › id=release-note...
Salesforce Winter '22 リリースノート
システム管理者が有効化する必要あり; 有効 (システム管理者/開発者); 有効 (ユーザ); Salesforce に連絡して有効化. エディション. Developer Edition

https://help.salesforce.com › articleView › id=release-note...
Salesforce Summer '22 リリースノート
システム管理者が有効化する必要あり; 有効 (システム管理者/開発者); 有効 (ユーザ); Salesforce に連絡して有効化; モバイル ...

https://help.salesforce.com › articleView › id=release-note...
Salesforce Spring '22 リリースノート
Salesforce のリリースノートでは、機能強化や新機能について簡潔に説明しています。また、設定情報、開始にあたって役に立つヒント、継続的な成功のためのベスト ...

https://help.salesforce.com › apex › HTViewHelpDoc
リリースノートの変更 - Salesforce Help

**画面3 リリースノートの使用方法**

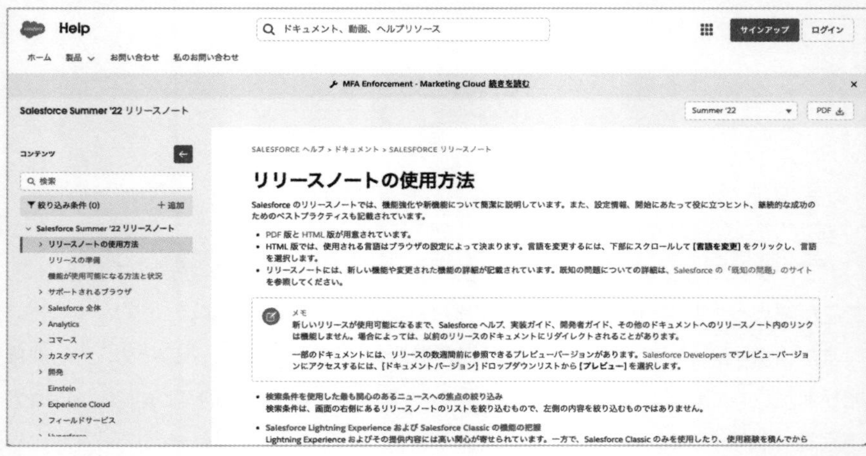

第2章

# Salesforceの製品構成

Salesforceの全体像を通して、製品の種類やオブジェクトタイプ、レポート、ダッシュボードの概要を知っていただきます。

# 2-1

# Salesforceの全体像

Salesforceでは、顧客情報を中心とした商談状況の把握や、マーケティングへの活用も可能です。まずは全体を通して、製品の代表的な種類や仕組みについて紹介します。

## Salesforce製品一覧

Salesforceには製品がいつくかあるので、どのような製品があるかをご紹介しましょう。

### ●Sales Cloud

Sales Cloud(セールスクラウド)には、CRMとSFAの機能があり、商談の早期受注や新規の顧客発掘を支援します。また、営業活動で「いつ・誰が・誰に・何をした」や、今後の行動も管理でき、失注商談の掘り起こしや営業ノウハウが共有できます。

### ●Service Cloud

Service Cloud(サービスクラウド)は、顧客管理と問い合わせ管理ができ、いかに迅速に対応できるかという視点で機能が充実している製品です。顧客対応の機能の種類が豊富なのも特徴の1つです。

### ●Experience Cloud

Experience Cloud(エクスペリエンスクラウド)は、Sales CloudやService Cloudに蓄積されているデータを顧客やパートナー企業と共有して、コミュニケーションを図る製品です。コミュニティサイト*を簡単に作成でき、顧客やパートナーと直接、やり取りができるようになります。

### ●Account Engagement(旧Pardot)

Account Engagement(アカウントエンゲージメント)はMAの製品で、Sales Cloudと連携して、リードと同期しているプロスペクト(新規メールアドレス登録

*コミュニティサイト　会員サイトやポータルサイトなど。

者）を獲得・育成し、商談につなげていく製品です。メール送信やコンテンツなどのシナリオを作成でき、継続的かつプロスペクトに効果的なタイミングに自動でアクションを起こすことができます（**画面1**）。また、レポートでメール送信やランディングページの効果も確認ができ、分析の機能もあります。

**画面1　Account Engagementのシナリオ作成**

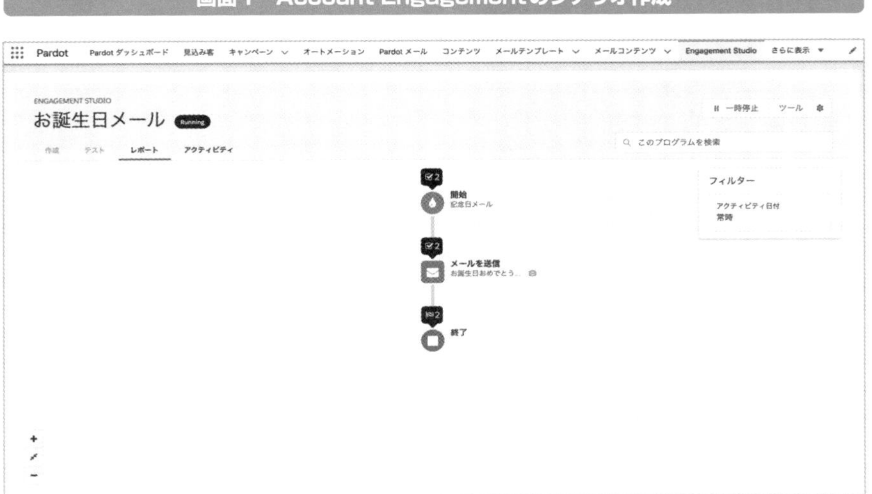


## ●Marketing Cloud

Marketing Cloud（マーケティングクラウド）は、Sales CloudやService Cloudの顧客データと連携しながら、メールマーケティングやモバイルマーケティング、Webマーケティングを統合した製品になります。また、顧客ごとにパーソナライズされたメールを送信したり、SMSやプッシュ通知、LINEなどを使用して、適切なタイミングで顧客にメッセージを届けます。

## ●CRM Analytics

CRM Analytics（シーアールエムアナリティクス）は、通常のデータ解析だけではなく、AIを搭載した分析が可能となっている製品です（**画面2**）。Salesforceと直接連携して、データを分析・予測します。Salesforce内のデータ以外のCSVデータ*や、サポートされている外部データの分析も可能です。

---

＊**CSVデータ**　CSVは「Comma.Separated.Values」の略で、いくつかの項目をカンマ「,」で区切ったテキストデータおよびテキストファイルのこと。

**画面2 CRM Analytics**

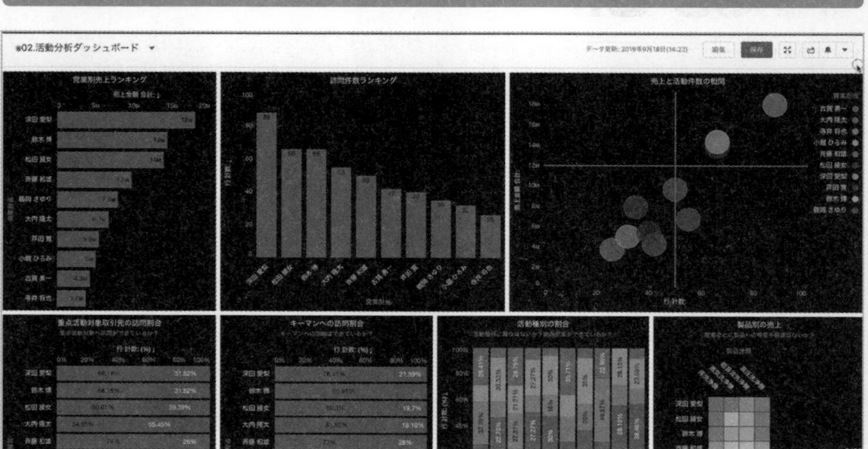


## ●Quip

Quip（クイップ）は、見栄えの良い文書が作成できる製品です（**画面3**）。Salesforceのデータへアクセスし、Quipを関連づけて共有できます。チームで1つの文書を共同で作成し、文書上でチームのコミュニケーションやToDo管理、プロジェクト管理まで幅広くできます。

**画面3 Quipの文書作成**

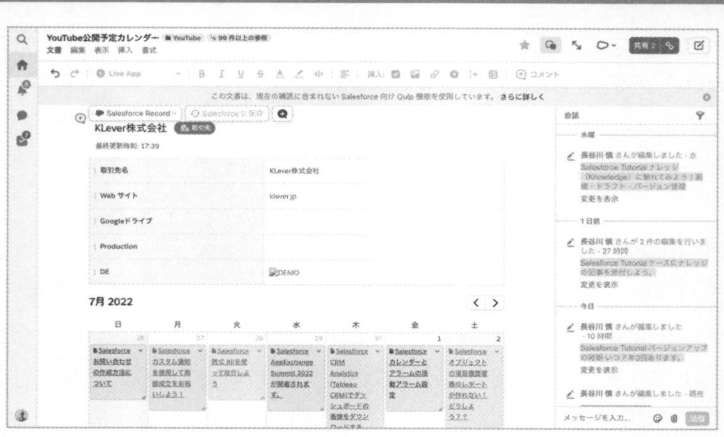

# 2-2 Sales Cloud

営業活動支援に特化したSales Cloudの機能について説明します。

## Sales Cloudの特徴

Sales Cloudは、前述のように営業活動の支援に特化した製品です。新規リードの獲得や商談の早期受注化、失注した商談の掘り起こし、売上予測などができる製品です。

Sales Cloudには、次のような特徴があります。

### ●商談の進捗管理

**商談**のページを開くと、**進捗管理**が**フェーズ**と呼ばれる矢羽のような部分でいつでも確認できます（**画面1**）。あるフェーズでどれくらい停滞しているかも確認ができるので、マネージャは停滞している商談に対して、すぐにアドバイスができます。また、カスタマイズに富んでおり、自社に合った商談フェーズを設定できます。

**画面1　商談の画面**

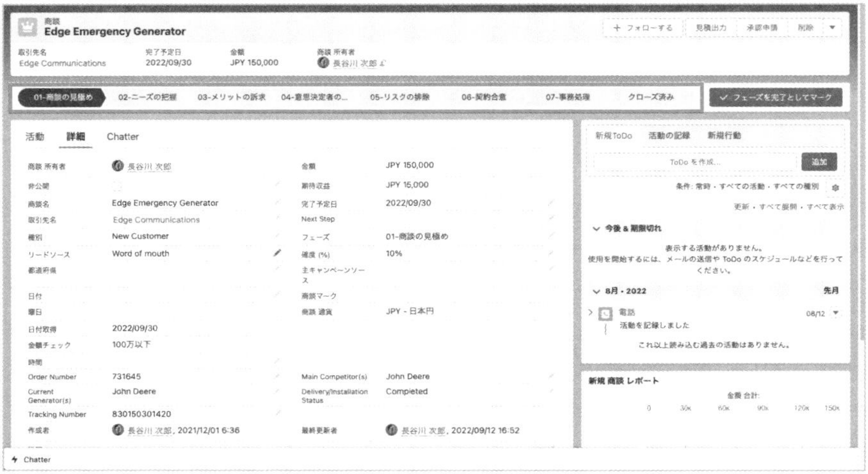

## ●売上予測

商談のデータが蓄積されてきたら、**売上予測**を確認します。[売上予測の設定] 画面*で売上予測が有効化になっているのを確認したら、[売上予測目標] 画面*で売上予測目標を立てます(**画面2**)。中央にある [目標を表示] ボタンをクリックすると、売上予測の目標を設定できます。

**画面2 売上予測目標**

売上予測目標の設定が完了したら、[売上予測] タブをクリックし、設定した売上予測が反映されているか確認しましょう(**画面3**)。

**画面3 売上予測タブ**

* **[売上予測の設定] 画面** [クイック検索] で「売上」を検索し、検索結果の [売上予測の設定] を選択すると表示される。
* **[売上予測目標] 画面** [クイック検索] で「売上」を検索し、検索結果の [売上予測目標] を選択すると表示される。

［売上予測］タブには、［売上予測分類］があります（**画面4**）。

「完了」「達成予測*」「最善達成予測」*「パイプライン*」などの売上予測分類名は、フェーズと同様に、［オブジェクトマネージャ］*→［商談］→［項目とリレーション］画面にある［売上予測分類］で自社に合わせた名前にカスタマイズできます。変更すると、売上予測にも反映されます。

**画面4　売上予測分類設定**

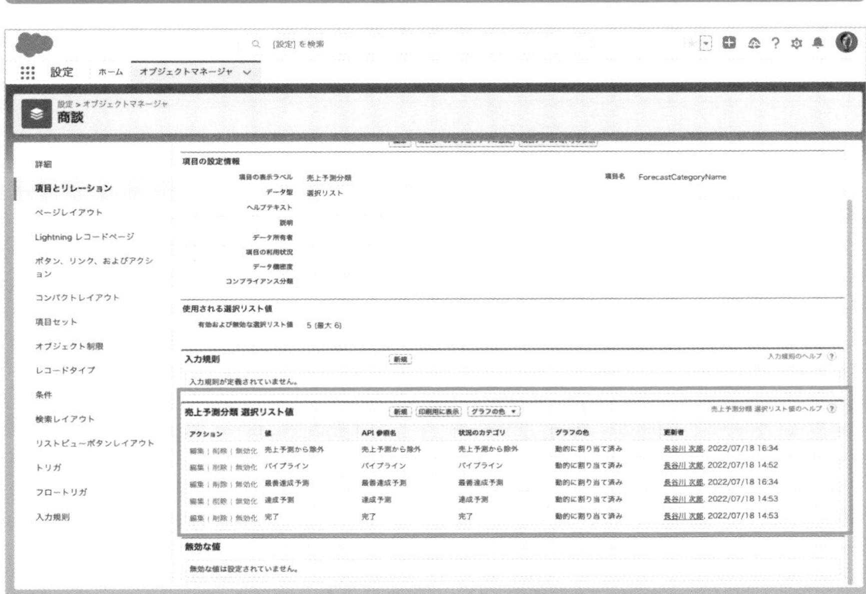


＊**達成予測**　各営業担当者が特定の月または四半期で確実に達成可能な売上予測の金額。マネージャの場合は、自分自身とチーム全体で確実に達成可能な金額に等しくなる。

＊**最善達成予測**　各営業担当者が、特定の月または四半期で達成する見込みのある総売上予測金額。マネージャの場合は、自分自身とチーム全体で達成する見込みのある金額に等しくなる。

＊**パイプライン**　完了予定日が当四半期にある進行中の商談の金額合計。売上予測ページに表示される。マネージャの場合、この値には、自分自身とチーム全体で進行中の商談が含まれる。

＊**［オブジェクトマネージャ］**　標準オブジェクトとカスタムオブジェクトのすべてのオブジェクトを管理する場所。画面右上の［歯車］アイコンから［設定］に進み、［オブジェクトマネージャ］タブをクリックすると、表示される。

# 2-3
# Service Cloud

カスタマーサポートに特化したService Cloudの機能について説明します。

## Service Cloudの特徴

Service Cloudは、カスタマーサポートに特化した製品です。**サービスコンソール**があり、1つの画面で複数の情報にアクセスができるので、迅速なカスタマーサポートによって、顧客満足度の向上につながる製品です。

Service Cloudには、次のような特徴があります。

### ●サービスコンソール

サービスコンソールでは、顧客情報と過去の問い合わせ内容を1つの画面で素早く確認でき、丁寧な対応が可能です（**画面1**）。「よくある質問」や「対処方法」をナレッジに蓄積させておくことで、問い合わせの内容の確認時に関連度の高いナレッジが表示され、オペレーターの対応の効率化につながります。

画面1　サービスコンソール

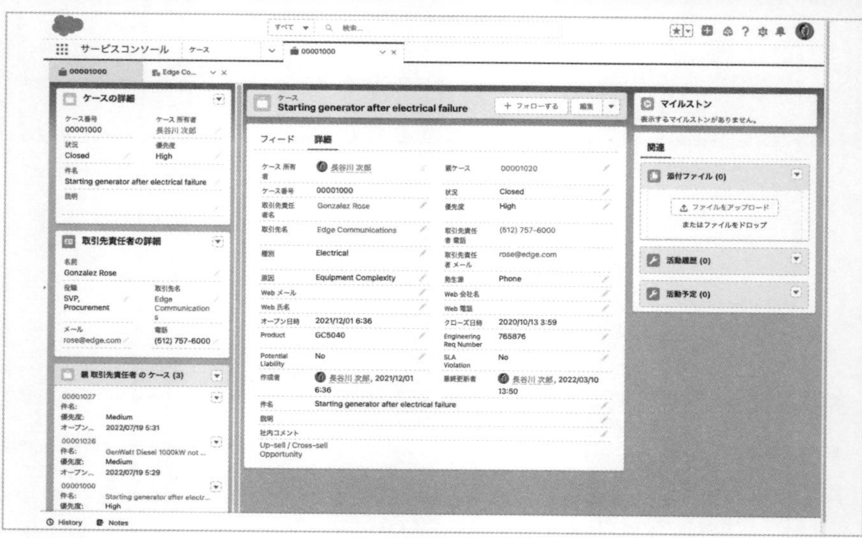

## CTI連携

Service Cloudでは、前述したCTI連携が可能です。CTIは、少し複雑なように感じますが、パソコンから電話ができるというシンプルな機能です（**画面2**）。顧客情報に電話番号が記載されているので、電話番号を入力する必要もありません。また、電話履歴も顧客情報と紐づいているので、電話業務だけでもかなりの効率化ができます。

**画面2　Salesforceから電話をかける**

## その他の機能

Service Cloudは、Salesforce上から電話をかけるだけではなく、Webサイト上で設定すれば、オンラインチャットが可能になったり、そのほかにもチャットボット、LINEなどが利用できます。様々な方法で顧客と接点を持つことができるので、コミュニケーション方法を限定せず、ストレスなくやり取りができます。

# 2-4

# Experience Cloud

自社以外の顧客や外部パートナーと情報共有が可能なExperience Cloudについて説明します。

## Experience Cloudの特徴

**Experience Cloud**は、自社ユーザだけではなく、顧客や外部パートナーと情報を共有できる製品です。Experience Cloudを導入することで、外部パートナーとのコミュニケーションコストを削減できます。

Experience Cloudには、次のような特徴があります。

### ●ポータルサイト簡単作成

Experience Cloudは、エクスペリエンスビルダー*を使用して、プログラムコードなしで外部パートナーと情報共有するWebサイトを作成できます（**画面1**）。テンプレートもいくつか用意されているので、使用用途に合ったものを選びます。

**画面1　エクスペリエンスビルダー**

---

＊**エクスペリエンスビルダー**　サイトのコンポーネントの配置などを編集するツール。

お問い合わせフォームやメニューなど、様々なコンポーネント（部品）をドラッグ＆ドロップで簡単に配置を変更できます。

### ●オブジェクトの外部共有

データベーステーブルである**オブジェクト**＊を共有できます。

例えば、Experience Cloudを使用して、お問い合わせ管理で使用していたオブジェクトのケース＊を顧客または外部パートナーと共有できます。顧客自身がExperience Cloud上でケースを登録できるので、自社のサポート担当者は、コミュニケーションコストを削減できます。

またケース以外にも、Experience Cloud上で外部パートナーと共に商談を共有・管理できるので、伝達漏れや認識のズレを防ぐことに効果的です。

### ●ナレッジの共有

自社で蓄積した「よくある質問」などの**ナレッジ**をExperience Cloud上で公開することによって、顧客や外部パートナーが自身で問題解決できる場所を提供します。外部に共有する範囲も柔軟に設定できます。

ナレッジは、カテゴリを設定してExperience Cloud上で顧客や外部パートナーが見やすいように配置することや、検索しやすいように内容を工夫することが大切です。また、社内共有だけではなく、外部パートナーと共有することで自社のサポートの負担を軽減できるので、ナレッジ使用開始時から外部共有を視野に入れておくことで、実際に外部パートナーとナレッジを共有した際の整理の手間も軽減できます。

---

＊**オブジェクト**　Salesforce内のデータベーステーブルのこと。カスタムオブジェクトと標準オブジェクトの2種類がある。3-1節「標準オブジェクトの種類」を参照。

＊**ケース**　顧客の質問やフィードバックを管理する標準オブジェクト。

# 2-5 Account Engagement

マーケティングを自動化できるAccount Engagement(旧 Pardot)について説明します。

## Account Engagementの特徴

2022年4月より、Pardot(パードット)から**Account Engagement**に製品名が変更されました。Account EngagementはMAのツールで、マーケティング活動を可視化と自動化する製品です。

Account Engagementには、次のような特徴があります。

### ●Cookieで顧客の行動を可視化

Cookie(クッキー)は、顧客がWebサイトを閲覧したときの情報が記録されたファイルのことで、スマートフォンやパソコンのブラウザに保存されます。Cookieには、訪れた日時や訪問回数が記録されており、Account Engagement内で**プロスペクト***の行動を可視化します(**画面1**)。またメールの開封やリンクのクリック、Webサイトのページの滞在時間などの行動も確認でき、そのアクションに応じて点数をつけて、プロスペクトの興味の度合いを可視化することも可能です。

**画面1　プロスペクトのアクティビティ**

プロスペクトのアクティビティ

すべての種別 ∨　すべてのカテゴリ ∨

| アクティビティ | 種別 | スコア | 日時▾ |
|---|---|---|---|
| テストメール: 検証 - YouTubeチャンネル登録者1000名に！KLever株式会社 | 開く | 1 | 2022/07/12 12:31 |
| テストメールトラッカー: ...ppy.klever.jp/supportplan | クリック | 3 | 2022/07/11 12:56 |
| テストメールトラッカー: https://amzn.to/3Rr0IFB | クリック | 3 | 2022/07/11 12:56 |
| テストメールトラッカー: ...//happy.klever.jp/youtube | クリック | 3 | 2022/07/11 12:56 |
| テストメールトラッカー: ...e.com/watch?v=u3LxNf8OZzI | クリック | 3 | 2022/07/11 12:55 |
| テストメール: 検証 - YouTubeチャンネル登録者1000名に！KLever株式会社 | 開く | 1 | 2022/07/11 12:55 |
| テストリストメール: 検証 - YouTubeチャンネル登録者1000名に！KLever株式会社 | 送信済み | 0 | 2022/07/11 12:54 |

*プロスペクト　成約の可能性がある顧客をSalesforceではリードと呼び、リードと同期する新規メールアドレス登録者をプロスペクトと呼ぶ。

## ●Engagement Studio

Account EngagementのEngagement Studioは、一斉メールの送信はもちろん、様々なマーケティング活動を自動化します。例えば、メールを開封した1ヶ月後に、別のメールをプロスペクトに送るというシナリオを作成し、自動化ができます（**画面2**）。また、プロスペクトの興味関心度合いに応じて、複数のゴールを作成することもできます。

**画面2 Engagement Studioのシナリオ作成**

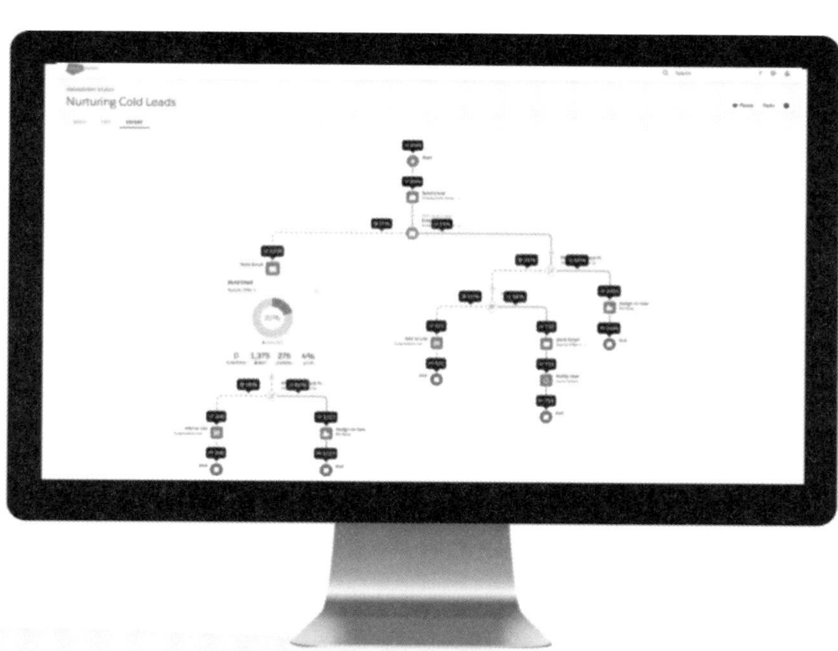


## ●施策効果の分析

Account Engagementから送信したメールや、作成したランディングページ、フォームをレポートで確認できます。次回以降の施策でより効果が出るように、レポートをしっかりと分析できます。

# 2-6

# Marketing Cloud

様々な媒体で顧客とコミュニケーション可能なMarketing Cloudについて説明します。

## Marketing Cloudの機能の分類

**Marketing Cloud**は、メールだけではなく、LINEやモバイル、オンライン広告などの媒体で顧客ごとに最適なコミュニケーションを選択できる製品です。Salesforceの顧客情報をMarketing Cloudに取り込み、顧客のグループ分けや自動化のシナリオを実行し、顧客にコンタクトできます。

Marketing Cloudの機能は、コンテンツや顧客データ管理の**Builder**（ビルダー）と、そのデータを活用して様々な媒体から配信するための**Studio**（スタジオ）の大きく2つに分類されます。

代表的なBuilderとStudioをいくつか紹介します。

### ●Journey Builder

Journey Builder（ジャーニービルダー）を使うと、顧客の属性や行動に応じて、様々な媒体（メール、アプリ、SMS、広告など）で1対1のコミュニケーションができる仕組みがプログラムをすることなく、ドラッグ＆ドロップで作成できます（**画面1**）。

画面1　Journey Builder

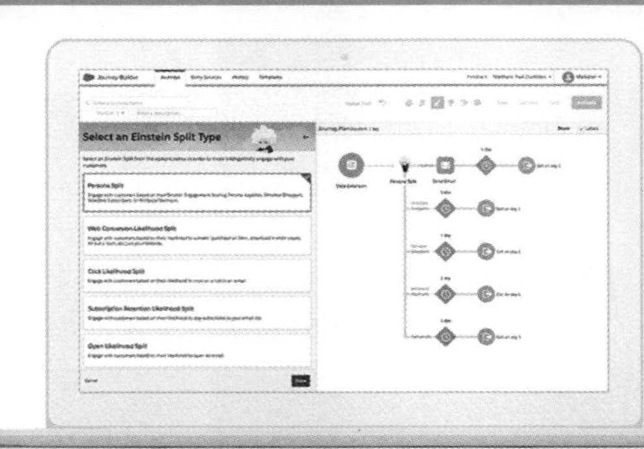

## Email Studio

Email Studio（イーメールスタジオ）は、シンプルなニュースレターから複雑なキャンペーン*まで、顧客ごとの属性や購買履歴に基づいたメールを作成・送信します。そのほかにもメールの開封状況を追跡して開封率を測定したり、メール配信前にA/Bテスト*を行って、メールの最適化もできます。

## Mobile Studio

Mobile Studio（モバイルスタジオ）は、顧客にSMSメッセージやプッシュ通知*を送信できます。しかも、単純に一斉に送るのではなく、Email Studioと同様に、顧客の属性や購買・行動履歴を分析し、その結果に応じた送信も可能です。SMSメッセージはメールよりも即時開封されやすいので、媒体によるメリットを考慮して使い分けることができます。

## Advertising Studio

Advertising Studio（アドバタイジングスタジオ）は、顧客の属性や購買履歴に応じた広告をWebサイト、Facebook、Instagram、TwitterなどのSNSに掲載します。

## Social Studio

Social Studio（ソーシャルスタジオ）は、自社に関するSNSの発言を表示する機能があり、顧客の自社に対する興味・関心を可視化します。また、SNS上の自社に関するトラブルも発見しやすいので、問題の早期解決につながります。

---

* **キャンペーン**　広告、メール、展示会などのマーケティング活動の追跡と分析ができる標準オブジェクト。
* **A/Bテスト**　クリック率、または開封率が最も高いMarketing Cloudメールのバージョンを判定する機能。確認後、最もパフォーマンスの良いバージョンを残りの購読者に送信することができる。
* **プッシュ通知**　アプリが自動的にお知らせを着信音や画面表示で通知する機能。

# 2-7

# CRM Analytics

AIを搭載した分析ツールのCRM Analytics（旧 Tableau CRM）の説明をします。

## CRM Analyticsの特徴

**CRM Analytics**は、2022年４月よりTableau CRMから製品名が変更になりました。AIを搭載した分析ツールで、Salesforceと連携して将来の結果を予測し、ビジネスにおいて手助けをしてくれるツールです。

CRM Analyticsには、次のような特徴があります。

### ●Salesforce以外のデータも可視化

Salesforceとのデータ連携はもちろんですが、Salesforce内に存在しないCSVデータなどをインポートして、ダッシュボードを作成・分析します。

### ●Salesforceのダッシュボードより高速抽出

Salesforceにもダッシュボードはありますが、CRM Analyticsのダッシュボードは、より素早く抽出が可能です。また、グラフの種類も豊富で、地図による分析もできます（**画面 1**）。

画面１　CRM Analyticsによる地図分析

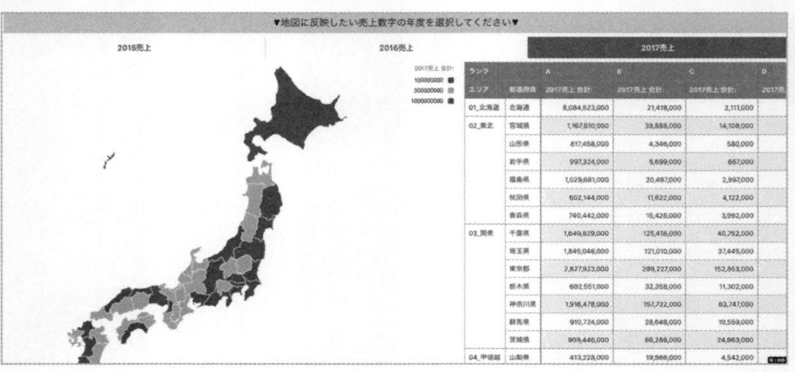


| ランク | | A | B | C | D |
|---|---|---|---|---|---|
| エリア | 都道府県 | 2017売上 合計 | 2017売上 合計 | 2017売上 合計 | 2017売 |
| 01_北海道 | 北海道 | 8,084,523,000 | 21,418,000 | 2,111,000 | |
| 02_東北 | 宮城県 | 1,167,610,000 | 39,888,000 | 14,108,000 | |
| | 山形県 | 817,458,000 | 4,346,000 | 580,000 | |
| | 岩手県 | 997,324,000 | 5,699,000 | 657,000 | |
| | 福島県 | 1,029,681,000 | 20,487,000 | 2,997,000 | |
| | 秋田県 | 602,144,000 | 11,622,000 | 4,122,000 | |
| | 青森県 | 740,442,000 | 16,426,000 | 3,992,000 | |
| 03_関東 | 千葉県 | 1,649,829,000 | 125,416,000 | 40,752,000 | |
| | 埼玉県 | 1,846,046,000 | 121,010,000 | 37,445,000 | |
| | 東京都 | 2,827,923,000 | 299,227,000 | 152,853,000 | |
| | 栃木県 | 692,551,000 | 32,358,000 | 11,302,000 | |
| | 神奈川県 | 1,916,478,000 | 157,722,000 | 63,747,000 | |
| | 群馬県 | 910,724,000 | 28,648,000 | 10,559,000 | |
| | 茨城県 | 909,446,000 | 66,288,000 | 24,963,000 | |
| 04_甲信越 | 山梨県 | 413,228,000 | 19,986,000 | 4,542,000 | |

### ●グラフの種類がSalesforceのダッシュボードより豊富

CRM Analyticsのダッシュボードで使用できるグラフの種類は、Salesforceのダッシュボードで使用できるグラフの11種類に対し、30種類以上もあります（**画面2**）。グラフでの表現の豊かさは、CRM Analyticsの方が圧倒的に優れています。

**画面2　CRM Analyticsのグラフの種類**

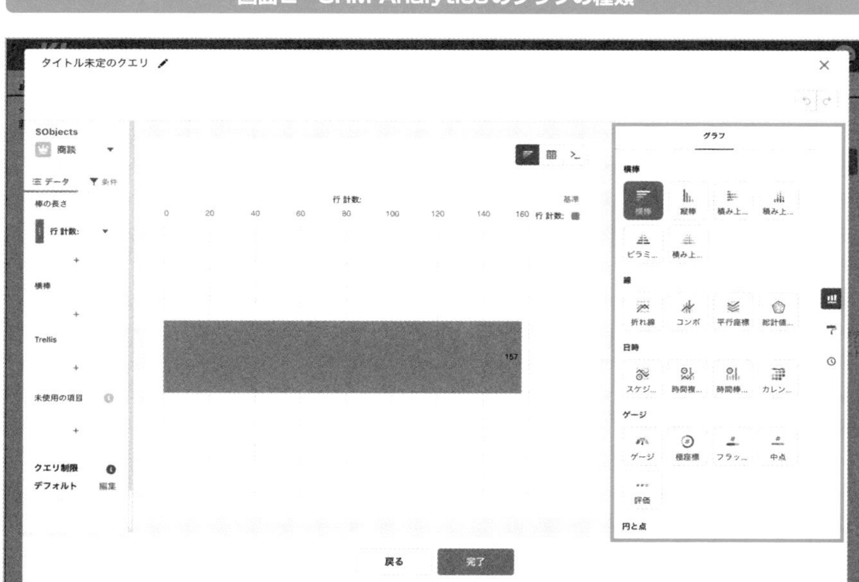

# 2-8

# Quip

メンバー同士でリアルタイムでドキュメントを編集・共有ができるQuipの説明をします。

## Quipの特徴

Quipは、ドキュメントをリアルタイムで共同編集できる製品です（**画面1**）。よく使用する文書をテンプレート化したり、Salesforceのデータに Quipのドキュメントを関連づけたりできます。

画面1　Quip ドキュメント（編集）

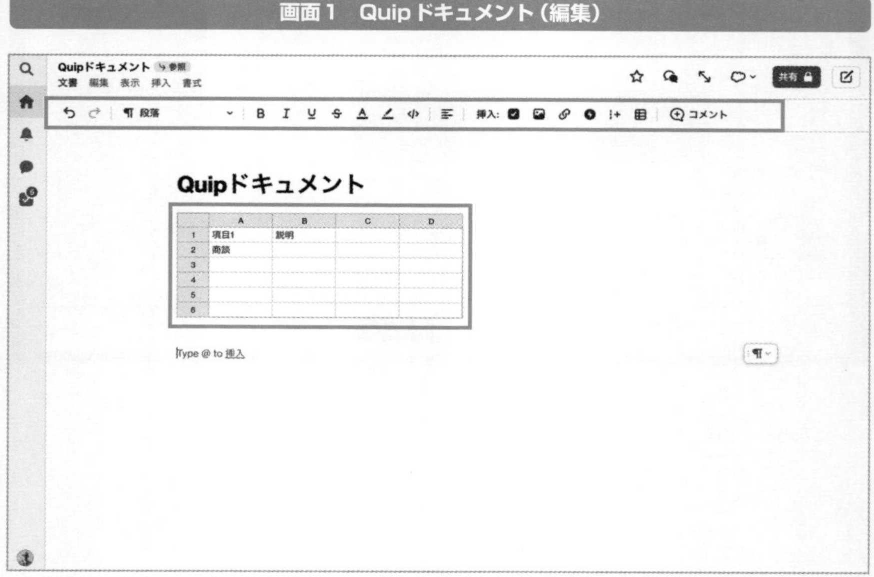


Quipには、次のような特徴があります。

### ●ドキュメント作成

Quipでは、テキストに様々な装飾ができます。見出し、太字、テキストの色も変更できますし、スプレッドシートも挿入でき、Excelの関数も使用できます。文書の中でのコミュニケーションもユーザ同士でできます。

### ●挿入できるものも様々

半角の「@」で入力すると、呼び出せる機能が表示されます。カレンダーやプロジェクトトラッカー、チェックリスト、ファイル添付、Salesforceデータへのリンク、Salesforceのレコード情報などを表示させることもできます（**画面2**）。

**画面2　Quipドキュメント（機能一覧）**

Salesforceと連携すると、Salesforceのユーザ名でそのまま使用でき、@で宛先をつけてドキュメント上でメンションしてコミュニケーションができます。1対1のチャットも可能なので、ドキュメントと関連性のないコミュニケーションの場合は、とても便利です。

COLUMN

## 逆算してカスタマイズ

Salesforce導入後、カスタマイズする前に、まずは何をゴールとするかを決めましょう。例えば、「部門別の売上の管理をしたい」がゴールであれば、部門の情報、売上金額、売上日などの項目が必要になることがわかってきます。そして、必要な項目が明確になった時点でオブジェクトを作成します。

売上管理というオブジェクトを作成する場合、データ型については、例えば部門は［選択リスト］、売上日は［日付］、金額は［通貨］にするなど、集計することを常に考えながらデータ型を選定します。ちなみに、部門を［選択リスト］にしたのは、テキスト型にしてしまうと４種類以外の入力が可能になってしまうことや、入力ミスによる集計漏れが発生することがあるためです。また、売上日は［日付］にしておくことで、期間集計が可能になり、金額は［通貨］にしておくことで集計が可能となります。

第3章

# オブジェクトタイプ

標準オブジェクトとカスタムオブジェクトの違いや、カスタムオブジェクトの作成方法を説明します。

# 3-1
# 標準オブジェクト

Salesforceの標準オブジェクトの種類や使用方法を説明します。

## 標準オブジェクトの一覧

**オブジェクト**とは、データベーステーブルことです。Salesforceの導入時に最初からあるオブジェクトを**標準オブジェクト**と言います。標準オブジェクトには、いくつかの種類があるので、まずは代表的な標準オブジェクトについて説明します。

### ●取引先

自社と関係のある顧客企業の情報を保存します。

### ●取引先責任者

取引先の所属する担当者の情報を保存します。

### ●リード

成約の可能性がある見込み顧客のことを**リード**と呼び、その情報を保存します。

### ●ケース

顧客からの問い合わせやフィードバックなどの内容を保存します。

### ●キャンペーン

メールによる販売促進、展示会、Webセミナーのマーケティングキャンペーンなどの情報を保存します。

### ●商談

進行中、成立、不成立などの進捗と共に商談情報を保存します。

●**商談商品**

商談で対象となる商品情報を保存します。

●**価格表**

販売する商品の価格情報を保存しておくことができます。

●**商品**

自社の取り扱い商品の情報を保存し、商談商品で選択可能になります。

●**契約**

取引先との契約情報を保存し、取引先に関連づけることができます。

●**ユーザ**

Salesforce内のユーザアカウント情報を保存します。

●**ToDo**

ToDo（やることリスト）情報を保存します。

●**行動**

日々のスケジュールを保存でき、その情報はカレンダーに反映されます。

## 標準オブジェクトの見分け方

［オブジェクトマネージャ］*でオブジェクトの一覧を見ることができます（**画面1**）。見出し項目に［種別］があり、オブジェクトの種類が表示されているので、標準オブジェクトかどうかを確認できます。

* **［オブジェクトマネージャ］** 画面右上の［歯車］アイコンから［設定］に進み、［オブジェクトマネージャ］タブをクリックすると、表示される。

画面1　オブジェクトマネージャ（オブジェクト一覧）

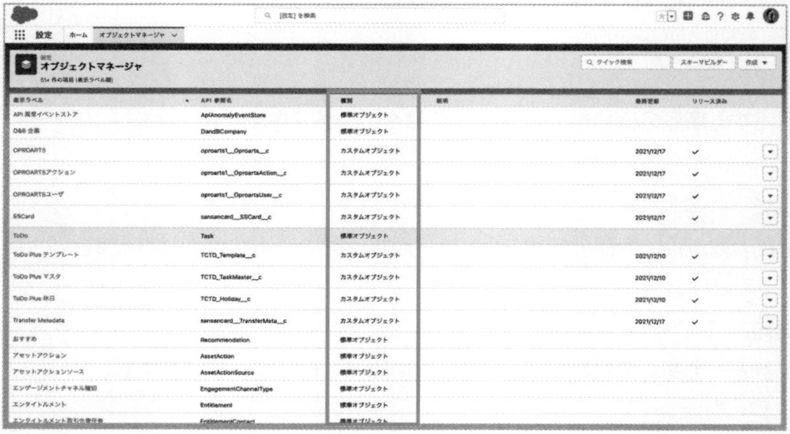

## API参照名

**API**は、「Application Programming Interface（アプリケーション・プログラミング・インターフェース）」の略で、文字通り、アプリケーションをプログラミングするためのインターフェースです。ほかのシステムとの連携やSalesforceの設定など、多くの場面で使用します。

それぞれのオブジェクトには、必ず**API参照名**があります。例えば、取引先のAPI参照名は「Account（アカウント）」と名付けられています。次の**表1**に示した標準オブジェクトのAPI参照名を覚えておくと、自身で設定する際にAPI参照名を求められることがあるので、設定がスムーズに進みます。

表1　標準オブジェクトのAPI参照名一覧（一部）

| 標準オブジェクト名 | API参照名 |
| --- | --- |
| 取引先 | Account |
| 取引先責任者 | Contact |
| 商談 | Opportunity |
| リード | Lead |
| ケース | Case |
| キャンペーン | Campaign |

## 標準オブジェクトの名称変更

標準オブジェクトの名称は変更できます。例えば、取引先を「得意先」、リードを「見込み客」などに簡単に変更できます。自社で馴染みのある名称に変更しておくと、より定着しやすくなります。設定は、[タブと表示ラベルの名称変更] 画面*で行います（**画面2**）。変更したいオブジェクト名（タブ名）の横の [編集] をクリックすると、編集画面に移動します。

**画面2　タブと表示ラベルの名称変更**

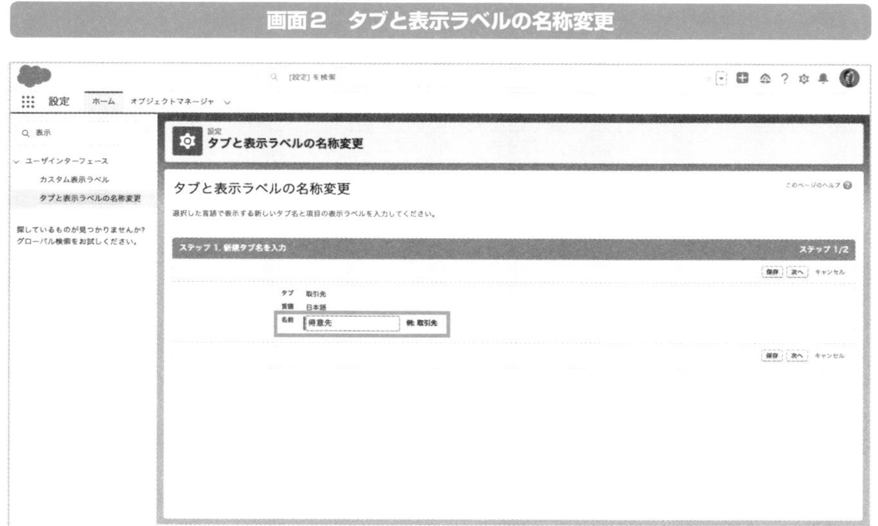


## 標準オブジェクトでカスタム項目を作成

標準オブジェクトで、入力項目を追加できます。新たに作成した入力項目を**カスタム項目**と呼びます。カスタム項目には、**データ型**と呼ばれる種類がありますので、ご紹介します。

### ●カスタム項目のデータ型

カスタム項目のデータ型で代表的なものを、次の**表2**でいくつか紹介します。

＊ **[タブと表示ラベルの名称変更] 画面**　[クイック検索] で「表示」を検索し、検索結果の [タブと表示ラベルの名称変更] を選択すると表示される。

表2　代表的なデータ型（カスタム項目）

| データ型 | 説明 |
|---|---|
| テキスト | 文字列と数値どちらも入力できます |
| 数値 | 数値を入力できます。先頭の0は削除されます |
| 通貨 | ドルまたはその他の通貨で金額を入力でき、自動的に通貨形式の金額にします。この形式は、エスクポート後のExcelやほかのスプレッド形式のデータでも有効です |
| 選択リスト | あらかじめ設定されたリストから値を選択する項目です |
| 選択リスト（複数選択） | 複数の値を選択可能な選択リストです |
| 日付 | 日付を直接入力することも、ポップアップのカレンダーから選択することもできます。日付形式を使用して、期間集計がレポートで可能になります |
| 日付/時間 | 日付/時間を直接入力することも、ポップアップのカレンダーから選択することもできます。ポップアップから選択した場合は、選択した日付とその時の時間が日付/時間項目に入力されます |
| チェックボックス | True（チェック）またFalse（チェックなし）の値を入力できます |
| パーセント | 「10」などのパーセントを表す数値を入力できます。また、パーセント記号が自動的に数値に追加されます |
| 数式 | 定義した数式から値を抽出する参照のみの項目です |
| メール | メールアドレスを入力できます。入力されたアドレスは、入力形式が正しいかどうかが検証されます。クリックすると、自動的にメールソフトが起動され、メールを作成して送信できます |

データ型の種類はほかにもありますが、上記の代表的なデータ型を駆使して、集計しやすいようなデータ型を選択してカスタム項目を作成していきます。

カスタム項目を作成する場合は、各オブジェクトの［オブジェクトマネージャ］→［項目とリレーション］に進み、その中の［新規］ボタンをクリックします。［カスタム項目の新規作成］画面が表示されるので、カスタム項目のデータ型一覧を確認できます（**画面3**）。

データ型を選択したら、次に［項目の表示ラベル］と［項目名］を設定します。［項目の表示ラベル］は画面に表示される名前で、［項目名］は英数字もしくは英文字で始まる必要があります。数式項目*を設定する時に［項目名］で数式を作成するので、どんなカスタム項目かがイメージできるように名付けておくと、スムーズに設定を進めることができます。

＊**数式項目**　カスタム項目の一種で、差し込み項目、式、またはその他の値に基づいて、値を自動的に計算する。

**画面3 カスタム項目の新規作成**

## セールスフォース社が買収した主な企業の製品

セールスフォース社が買収した企業の製品をいくつかご紹介します。それぞれがSalesforceと協調して、優れたパフォーマンスを発揮します。

### ● Heroku（ヘロク）

システム開発に必要な環境を手軽に整えることができ、複数の言語に対応したオープンなクラウド型のプラットフォームです。さまざまな統合方法によってSalesforceと併用できるアプリケーションとマイクロサービスを提供します。

### ● Tableau（タブロー）、

誰でも手軽に直感的なデータ分析ができ、グラフのビジュアルが美しい分析プラットフォームです。Tableauを使って、Salesforceのデータをその他のビジネスデータと統合することで、可視性と深い理解を得ることができます。

### ● Slack（スラック）

チャット形式でコミュニケーションが可能なビジネス用のメッセージングアプリです。SlackとSalesforceを連携させると、顧客インサイトとアクション項目を集約でき、商談に必要な情報をすべて活用できるようになります。

# 3-2

# カスタムオブジェクト

標準オブジェクトのカスタム項目で項目を追加できることが理解できたら、カスタムオブジェクトを作成してみましょう。

## カスタムオブジェクトの作成

**カスタムオブジェクト**は、標準オブジェクトとは別に作成したオブジェクトのことです。カスタムオブジェクトを作成することで、Salesforceの機能を拡張することができます。

カスタムオブジェクトを作成する時は、[オブジェクトマネージャ] の右上にある [作成] ボタンをクリックし、[カスタムオブジェクト] を選択してください (**画面1**)。

**画面1　オブジェクトマネージャ (カスタムオブジェクトを作成)**

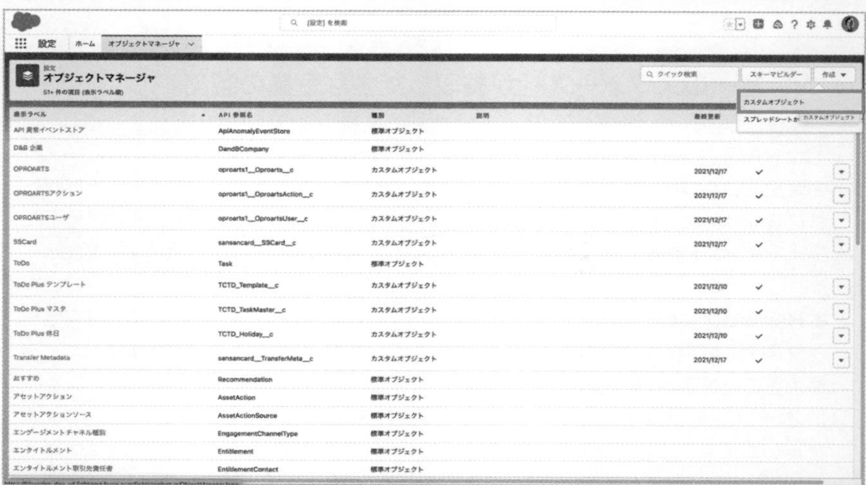


次に表示ラベル、オブジェクト名、レコード名、データ型を設定していきます。

**データ型**には、テキストと自動採番があります (**画面2**)。テキストはレコード名を文字列や数字を使用して自由につけられますが、自動採番は [表示形式] と [開始番号] を設定し、レコード名が自動で入力されます。例えば、表示形式を「NO-

{00000}」とし、開始番号を「1」と設定した場合は、最初に作成したレコード名は「NO-00001」となり、次に作成されるレコード名は「NO-00002」となります。そのため、データ型を自動採番にすると、レコード名を編集できないので注意が必要です。用途にあったデータ型を選択する必要があります。

**画面2 新規カスタムオブジェクト（カスタムオブジェクトの定義の編集）**

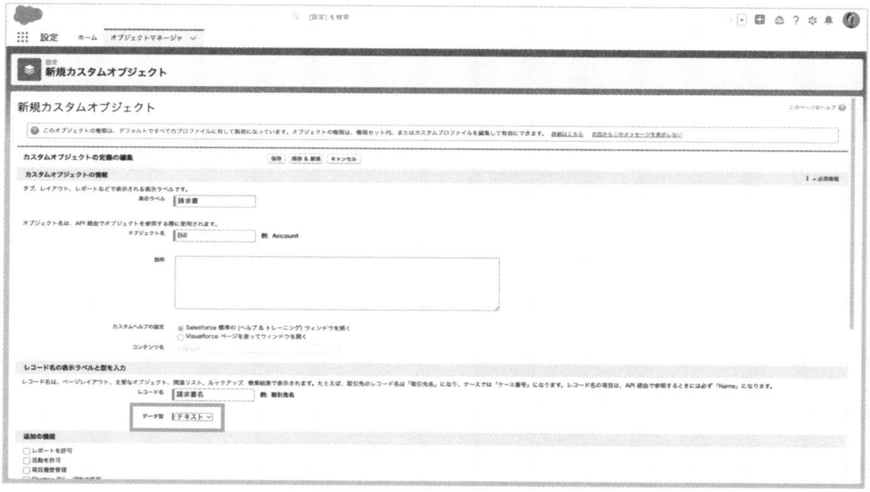

表示ラベル、オブジェクト名、レコード名、データ型を設定し、[保存] ボタンをクリックすれば、カスタムオブジェクトの完成です。

[新規カスタムオブジェクト]（カスタオムオブジェクトの定義の編集）画面では、[カスタムオブジェクトの保存後、新規カスタムタブウィザードを起動する] にチェックを入れておきましょう。このチェックを入れないで、保存してしまってもカスタムオブジェクトは作成されますが、タブがない状態で作成されるので、せっかく作成したカスタムオブジェクトが見つかりにくくなります*。

ここまで、プログラムなしでカスタムオブジェクトが設定できました。

---

*__見つかりにくくなります__ あえてタブを作成しないカスタムオブジェクトの作成の場合もあるので、必ずチェックを入れなくてはいけないものではない。

## 参照関係と主従関係

　オブジェクト同士で関連性を持たせることができますが、この関連性を**リレーション**と言います。リレーションには、**主従関係**＊と**参照関係**＊の2種類があります。

　標準オブジェクトでは、取引先と取引先責任者が参照関係なので、［項目とリレーション］画面＊で確認すると、取引先責任者の取引先名の項目は［参照関係］になっています（**画面3**）。

**画面3　項目とリレーション（取引先名は参照関係）**

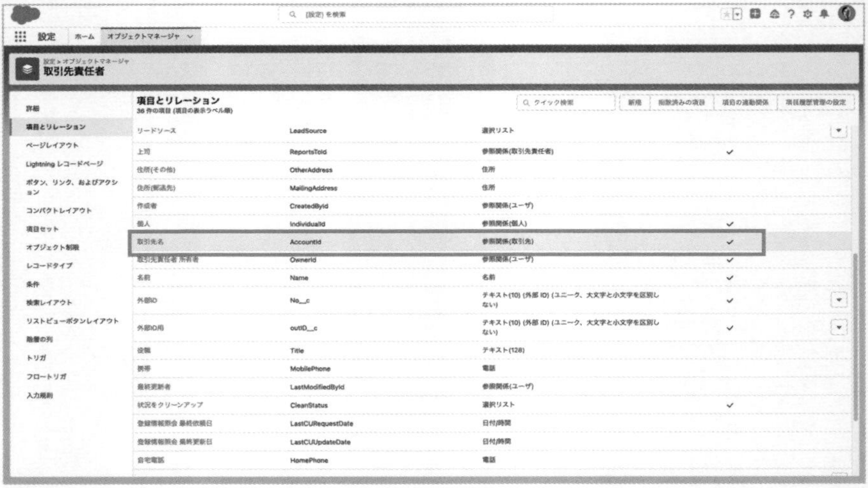

　参照関係と主従関係は、リレーションという観点では同じですが、できることが全く違います（**表1**）。違いを把握した上でカスタムオブジェクトを作成していきましょう。

---

＊**主従関係**　オブジェクトの結びつきを示す関係で、主となるオブジェクトに積み上げ集計項目を作成することができる。主となるレコードが削除された時、従となるレコードも削除される。

＊**参照関係**　オブジェクトの結びつきは主従関係より弱く、親のレコードが削除されても、このレコードは削除されない。はじめから設定されている参照関係の例として、取引先と取引先責任者がある。

＊**［項目とリレーション］画面**　［オブジェクトマネージャ］タブをクリックし、画面左側の［項目とリレーション］をクリックすると表示される。

**表1　主従関係と参照関係の違い**

| | 主従関係 | 参照関係 |
|---|---|---|
| リレーションの数 | 2つ | いくつでも |
| 積み上げ集計項目 | ○ | × |

主従関係と参照関係の違いはほかにもありますが、必ず理解しておきたい概念を説明しました。

取引先責任者と取引先は参照関係（**図1**）で、取引先は**親オブジェクト**、取引先責任者は**子オブジェクト**という言い方をします。

**図1　取引先責任者と取引先は参照関係**

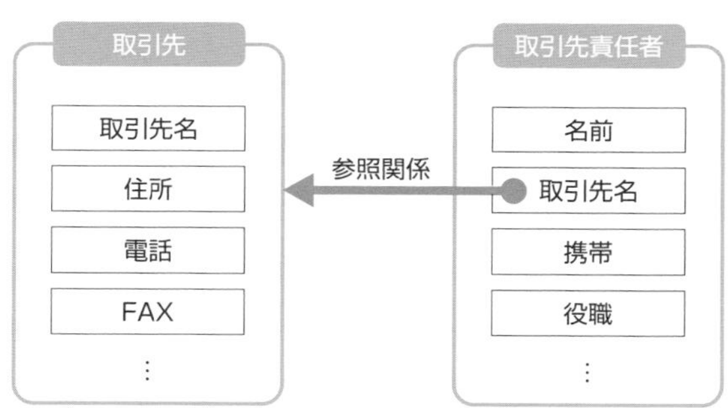


主従関係と参照関係は、子オブジェクトからリレーションを設定していきます。主従関係には、**積み上げ集計項目**が使用できます。子オブジェクトの項目のデータ型が数値や通貨を親オブジェクトで自動計算して合計の値を表示してくれます。

例えば、次ページの**図2**のように請求書（親オブジェクト）と請求明細（子オブジェクト）が主従関係のリレーションの場合、自動で複数の子オブジェクトの請求明細の「金額」を、親オブジェクトの「請求書の合計」という積み上げ集計項目で合計してくれます。

図2　主従関係の積み上げ集計項目の仕組み

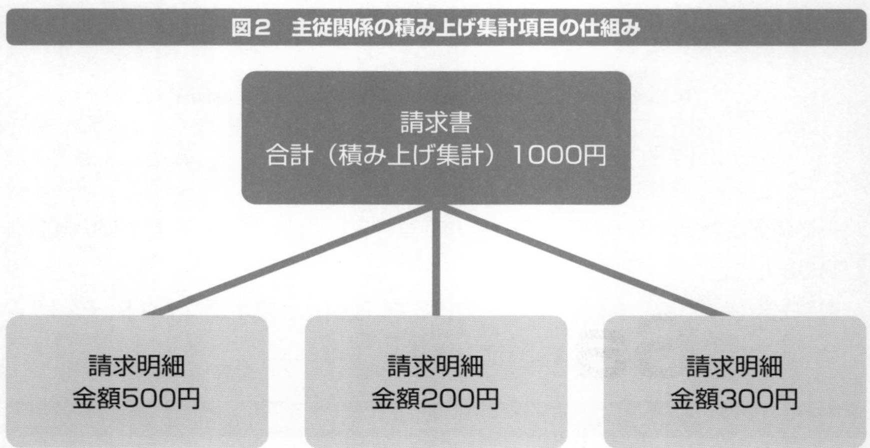

第4章

# Salesforceの画面構成

Salesforceの画面は、デスクトップ版とモバイル版で構成が異なります。それぞれの画面構成の設定方法を説明していきます。

# 4-1 デスクトップ版

デスクトップ版は、パソコンで見ている画面になります。画面の配置はカスタマイズできるので、自社で使いやすいように配置を変更してみましょう。

## デスクトップ版の配置

デスクトップの画面は、画面上に部品である**コンポーネント**をドラッグ＆ドロップで配置していきます（**画面1**）。

画面1　デスクトップ版の画面

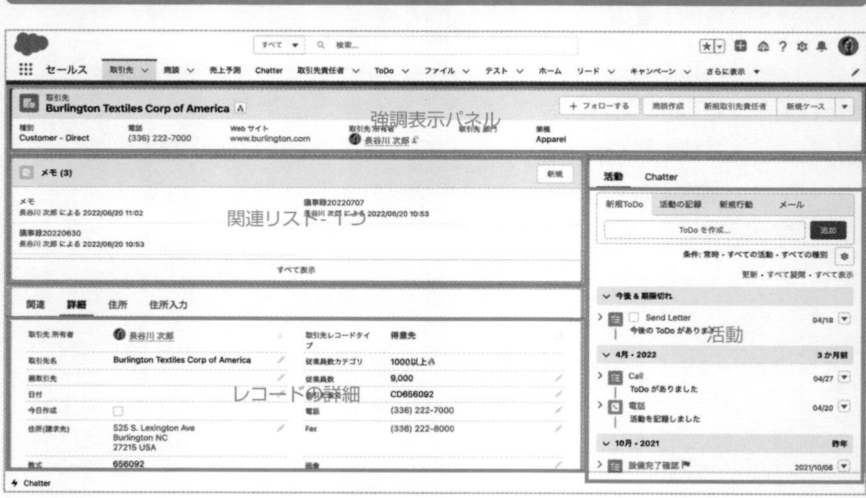


コンポーネントには、活動の記録などがタイムラインで表示される［活動］コンポーネント、レコードの名前などが太字で表示されていてボタンが配置されている［強調表示パネル］コンポーネント、レコードの詳細を表示する［レコードの詳細］コンポーネント、関連リストを1つのみ表示する［関連リスト-1つ］コンポーネントなどがあります。

## Lightningアプリケーションビルダーで画面の配置を編集

**Lightningアプリケーションビルダー***を使うと、画面のコンポーネントの配置が編集できます。画面左側にコンポーネントの一覧があるので、その中からコンポーネントを配置したい場所にドラッグ＆ドロップで配置するだけです（**画面2**）。画面の編集が終わったら、最後に［保存］ボタンをクリックして保存します。まだ一度も有効化していない場合は、［有効化］ボタンで有効化します。

**画面2 Lightningアプリケーションビルダー**

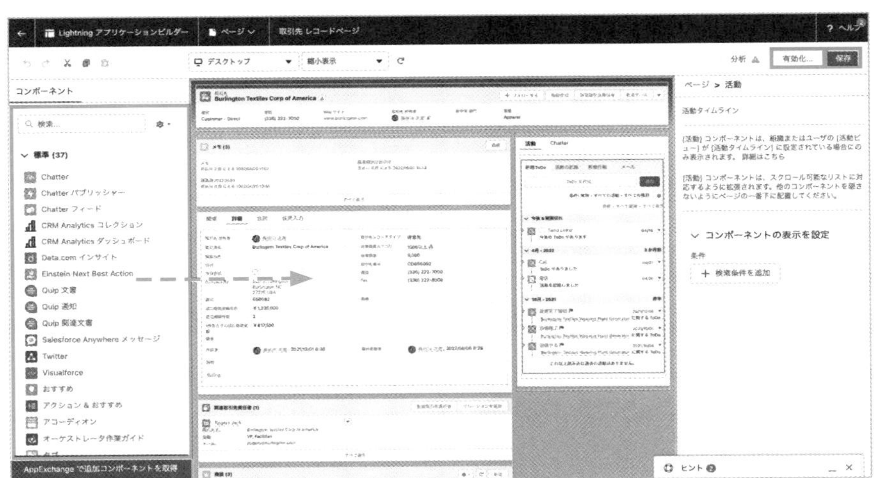


---

* **Lightningアプリケーションビルダー** 画面右上の［歯車］アイコン→［編集ページ］→［Lightningアプリケーションビルダー］で起動する。

# 4-2

# モバイル版

スマートフォン用のモバイル版も、デスクトップ版と同じようにLightningアプリケーションビルダーを使用して画面構成を設定していきます。

## モバイル版の画面設定方法

まずLightningアプリケーションビルダーのプレビューをモバイル用に変更して、設定をしていきます。プレビューは［デスクトップ］と［電話］に切り替えることができ、［電話］を選択すると、モバイル版のプレビューに切り替わります。

デスクトップ版と同じように、Lightningアプリケーションビルダーの画面左側のコンポーネント一覧から、使用したいコンポーネントをドラッグ＆ドロップで配置します（**画面1**）。

**画面1　Lightningアプリケーションビルダーのモバイルプレビュー**

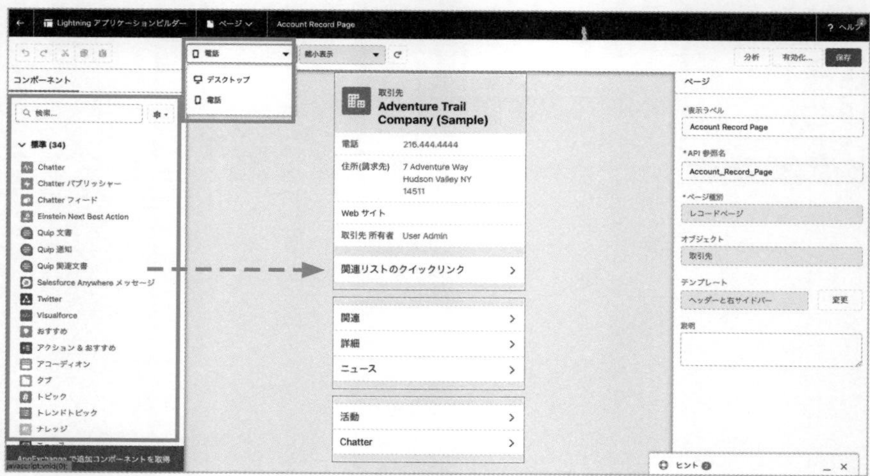

## モバイル版のボタンの配置

モバイル版は、デスクトップ版に比べて画面が小さいので、1つの画面に配置できるボタンの数が限られます。4つ目以降は［さらに表示］に含まれます（**画面2**）。

画面2　モバイル版のボタンの配置

ボタンの配置は、［オブジェクトマネージャ］で編集したいオブジェクトを選択し、［ページレイアウト］をクリックすると表示される［ページレイアウト］画面で行います。中央にある［SalesforceモバイルおよびLightning Experienceのアクション］の中にボタンを配置していきます（**画面3**）。

ここにボタンが配置されていれば、モバイルでも使用できるようになります。左から4つ目以降は、モバイル上では［さらに表示］の中に入ってしまうので、使用頻度の高いボタンをページレイアウト編集画面で左から3つ以内に配置しておきます。

## 画面3 モバイルのボタンの配置設定

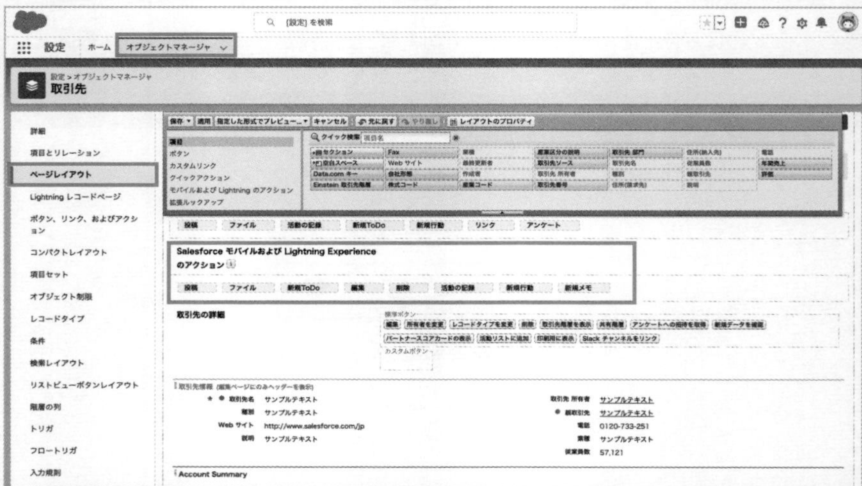

第5章

# レポートとダッシュボード

入力したデータを見やすいように可視化するのが、レポートとダッシュボードです。レポートで集計し、ダッシュボードでグラフにしていきます。ダッシュボードは、レポートが作成できていることが前提になるので、レポートとダッシュボードの作成方法をどちらも覚えておきましょう。

# 5-1

# レポートの概要

レポートの種類と使用できるグラフについて説明します。

## 3タイプのレポート

Salesforceで蓄積したデータは、**レポート**で集計できます。Salesforce導入前は集計作業に多くの時間を費やしていたかもしれませんが、レポートで集計時間を大幅に削減できます。

レポートには、次の3つのタイプがあります。

### ●表形式

行をグループ化していないシンプルなレポートです（**画面1**）。ダッシュボードで使用する時は、表形式のLightningテーブル*しか使用できません。

**画面1　表形式のレポート**

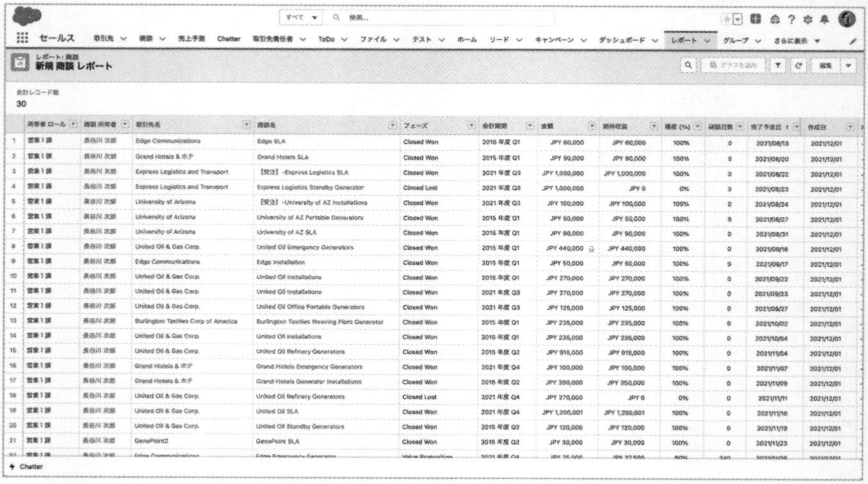

レポート: 商談
新規 商談 レポート

合計レコード数
30

| | 所有者 ロール | 商談 所有者 | 取引先名 | 商談名 | フェーズ | 会計期間 | 金額 | 期待収益 | 確度 (%) | 経過日数 | 完了予定日 ↑ | 作成日 |
|---|---|---|---|---|---|---|---|---|---|---|---|---|
| 1 | 営業1課 | 長谷川 次郎 | Edge Communications | Edge SLA | Closed Won | 2015 年度 Q1 | JPY 60,000 | JPY 60,000 | 100% | 0 | 2021/08/13 | 2021/12/01 |
| 2 | 営業1課 | 長谷川 次郎 | Grand Hotels & ホテ | Grand Hotels SLA | Closed Won | 2015 年度 Q1 | JPY 90,000 | JPY 90,000 | 100% | 0 | 2021/08/20 | 2021/12/01 |
| 3 | 営業1課 | 長谷川 次郎 | Express Logistics and Transport | 【受注】-Express Logistics SLA | Closed Won | 2021 年度 Q3 | JPY 1,000,000 | JPY 1,000,000 | 100% | 0 | 2021/08/22 | 2021/12/01 |
| 4 | 営業1課 | 長谷川 次郎 | Express Logistics and Transport | Express Logistics Standby Generator | Closed Lost | 2021 年度 Q3 | JPY 1,000,000 | JPY 0 | 0% | 0 | 2021/08/23 | 2021/12/01 |
| 5 | 営業1課 | 長谷川 次郎 | University of Arizona | 【受注】-University of AZ Installations | Closed Won | 2021 年度 Q3 | JPY 100,000 | JPY 100,000 | 100% | 0 | 2021/08/24 | 2021/12/01 |
| 6 | 営業1課 | 長谷川 次郎 | University of Arizona | University of AZ Portable Generators | Closed Won | 2015 年度 Q1 | JPY 50,000 | JPY 50,000 | 100% | 0 | 2021/08/27 | 2021/12/01 |
| 7 | 営業1課 | 長谷川 次郎 | University of Arizona | University of AZ SLA | Closed Won | 2015 年度 Q1 | JPY 90,000 | JPY 90,000 | 100% | 0 | 2021/08/31 | 2021/12/01 |
| 8 | 営業1課 | 長谷川 次郎 | United Oil & Gas Corp. | United Oil Emergency Generators | Closed Won | 2015 年度 Q1 | JPY 440,000 | JPY 440,000 | 100% | 0 | 2021/09/16 | 2021/12/01 |
| 9 | 営業1課 | 長谷川 次郎 | Edge Communications | Edge Installation | Closed Won | 2015 年度 Q1 | JPY 50,000 | JPY 50,000 | 100% | 0 | 2021/09/17 | 2021/12/01 |
| 10 | 営業1課 | 長谷川 次郎 | United Oil & Gas Corp. | United Oil Installations | Closed Won | 2015 年度 Q1 | JPY 270,000 | JPY 270,000 | 100% | 0 | 2021/09/22 | 2021/12/01 |
| 11 | 営業1課 | 長谷川 次郎 | United Oil & Gas Corp | United Oil Installations | Closed Won | 2021 年度 Q3 | JPY 270,000 | JPY 270,000 | 100% | 0 | 2021/09/23 | 2021/12/01 |
| 12 | 営業1課 | 長谷川 次郎 | United Oil & Gas Corp. | United Oil Office Portable Generators | Closed Won | 2021 年度 Q3 | JPY 125,000 | JPY 125,000 | 100% | 0 | 2021/09/27 | 2021/12/01 |
| 13 | 営業1課 | 長谷川 次郎 | Burlington Textiles Corp of America | Burlington Textiles Weaving Plant Generator | Closed Won | 2015 年度 Q1 | JPY 235,000 | JPY 235,000 | 100% | 0 | 2021/10/02 | 2021/12/01 |
| 14 | 営業1課 | 長谷川 次郎 | United Oil & Gas Corp. | United Oil Installations | Closed Won | 2015 年度 Q1 | JPY 235,000 | JPY 235,000 | 100% | 0 | 2021/10/04 | 2021/12/01 |
| 15 | 営業1課 | 長谷川 次郎 | United Oil & Gas Corp. | United Oil Refinery Generators | Closed Won | 2015 年度 Q2 | JPY 915,000 | JPY 915,000 | 100% | 0 | 2021/11/04 | 2021/12/01 |
| 16 | 営業1課 | 長谷川 次郎 | Grand Hotels & ホテ | Grand Hotels Emergency Generators | Closed Won | 2021 年度 Q4 | JPY 100,000 | JPY 100,000 | 100% | 0 | 2021/11/07 | 2021/12/01 |
| 17 | 営業1課 | 長谷川 次郎 | Grand Hotels & ホテ | Grand Hotels Generator Installations | Closed Won | 2015 年度 Q2 | JPY 350,000 | JPY 350,000 | 100% | 0 | 2021/11/09 | 2021/12/01 |
| 18 | 営業1課 | 長谷川 次郎 | United Oil & Gas Corp. | United Oil Refinery Generators | Closed Lost | 2021 年度 Q4 | JPY 270,000 | JPY 0 | 0% | 0 | 2021/11/11 | 2021/12/01 |
| 19 | 営業1課 | 長谷川 次郎 | United Oil & Gas Corp. | United Oil SLA | Closed Won | 2021 年度 Q4 | JPY 1,200,001 | JPY 1,200,001 | 100% | 0 | 2021/11/16 | 2021/12/01 |
| 20 | 営業1課 | 長谷川 次郎 | United Oil & Gas Corp. | United Oil Standby Generators | Closed Won | 2015 年度 Q2 | JPY 120,000 | JPY 120,000 | 100% | 0 | 2021/11/19 | 2021/12/01 |
| 21 | 営業1課 | 長谷川 次郎 | GenePoint2 | GenePoint SLA | Closed Won | 2015 年度 Q2 | JPY 30,000 | JPY 30,000 | 100% | 0 | 2021/11/23 | 2021/12/01 |

* **Lightning テーブル**　ダッシュボードの表示グラフの1種。テーブル形式の表現ができる。

### ●サマリー形式

サマリー形式は、行を1つ以上グループ化しているレポートのことを言います(**画面2**)。行のグループ化は最大で3つまでででき、グループ化している単位で集計できます。

**画面2 サマリー形式のレポート**

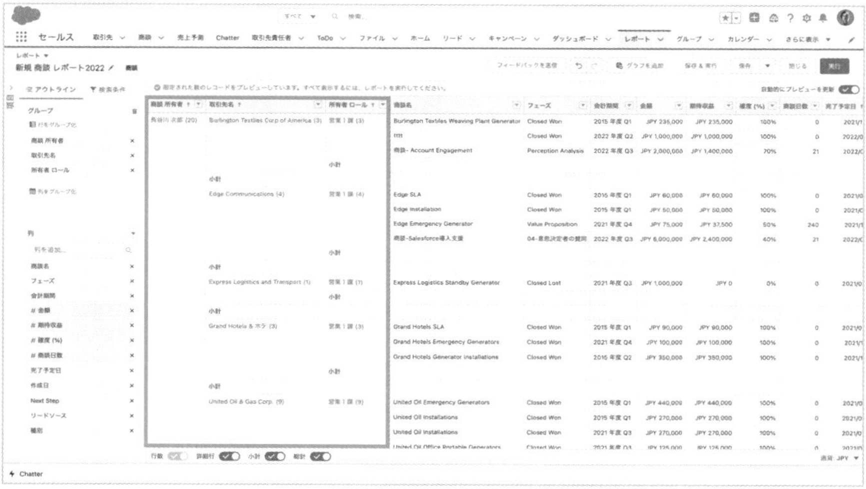

最低1つの項目をグループ化することで、以下の8種類のグラフから1つを選択して、**レポートグラフ**を作成できます(**画面3**)。

**①縦棒**
**②横棒**
**③積み上げ縦棒**
**④積み上げ横棒**
**⑤折れ線**
**⑥ドーナツ**
**⑦じょうご**
**⑧散布図**

画面3　レポートグラフ作成

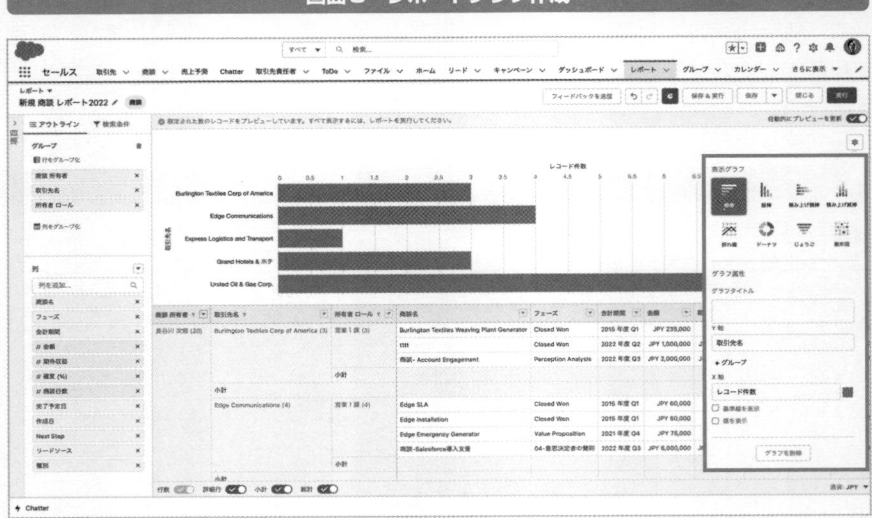

## ●マトリックス形式

　行と列をグループ化しているレポートで、行と列で分析します（**画面4**）。マトリックス形式のレポートは、行と列でそれぞれ最大2つまでグループ化できます。

画面4　マトリックス形式のレポート

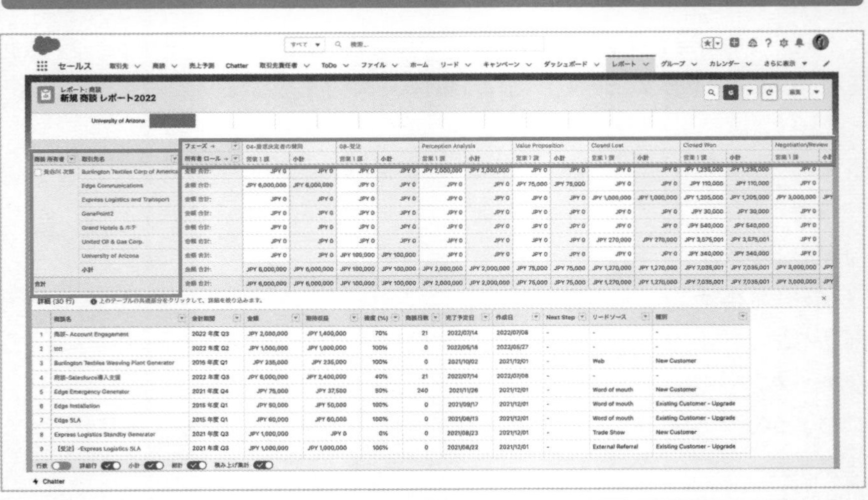

## レポートフォルダ

レポートには、レポートを格納する**レポートフォルダ**があります。レポートを保存する時に、いずれかのレポートフォルダを選択しますが、レポートフォルダごとにユーザ、ロール*、ロール＆下位ロール、公開グループ*の共有が可能です（**画面5**）。組織全体や、所有者のみにアクセス権を付与することも可能です。

**画面5 フォルダの共有**

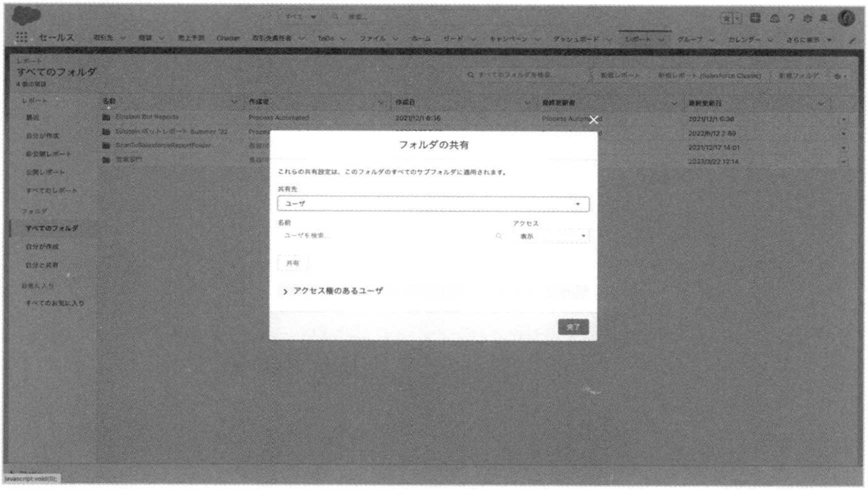

* **ロール** 権限のこと。階層の設定が可能で、自分より下位のロールのユーザのレコード（データ）を、所有者と同様に閲覧や編集などができる。
* **公開グループ** 共通の目的で定義されるユーザのセット。公開グループの作成ができるのはシステム管理者のみ。

# 5-2 ダッシュボードの概要

ダッシュボードは、複数のレポートをグラフによって俯瞰で確認できる機能です。Chatterでは、グラフの画像を共有ができます。

## ダッシュボード作成はレポートが必要

様々な情報をグラフで俯瞰できるのが**ダッシュボード**ですが、ダッシュボードを作成する前に準備しておくことがあります。それは**レポート**を作成しておくことです。最低でもレポートが1つあれば、ダッシュボードは作成可能です。

また、グラフの1つ1つを**コンポーネント**と呼び、1つのダッシュボードには、最大で20個のコンポーネントを配置できます。最大20個のコンポーネントを作成した場合でも、20個のレポートが必要ということではなく、1つのレポートから複数のコンポーネントを作成することができます。

## ダッシュボードで使用できるグラフの種類

ダッシュボードで使用できる11種類のグラフを紹介します。

**①横棒グラフ**
**②縦棒グラフ**
**③積み上げ横棒グラフ**
**④積み上げ縦棒グラフ**
**⑤折れ線グラフ**
**⑥ドーナツグラフ**
**⑦総計値グラフ**
**⑧ゲージグラフ**
**⑨じょうごグラフ**
**⑩散布図**
**⑪Lightningテーブル**

## ダッシュボードとレポートの違い

前述したように、ダッシュボードは1つのレポートさえあれば、複数のグラフを作成でき、全体を俯瞰して見ることができます（**画面1**）。複数のレポートをダッシュボードにまとめることで、現在の状況や異常値、推移を容易に確認できるので、例えば、会議資料の作成する時間などを大幅に削減できます。

**画面1　ダッシュボード**

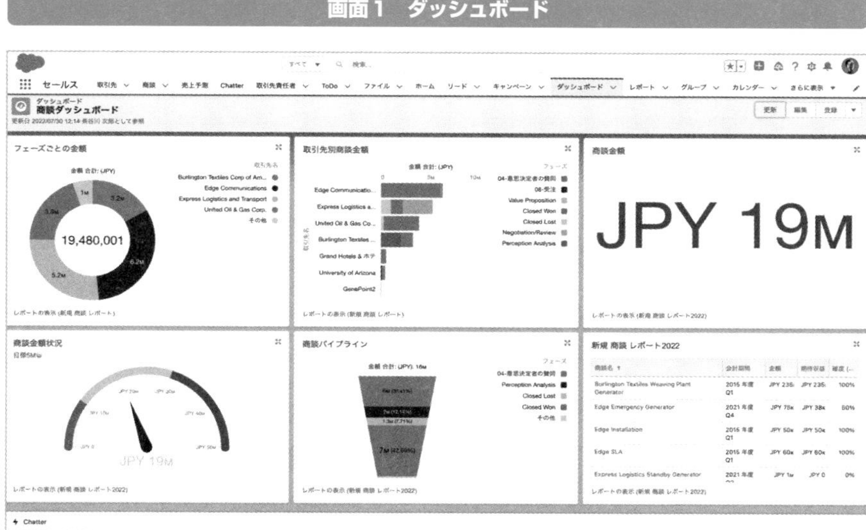


グラフの種類の確認は、ダッシュボードのコンポーネントの右上の鉛筆のマークをクリックすると表示される［コンポーネントを編集］画面の［表示グラフ］で確認ができます（**画面2**）。

画面2 コンポーネントを編集（表示グラフ）

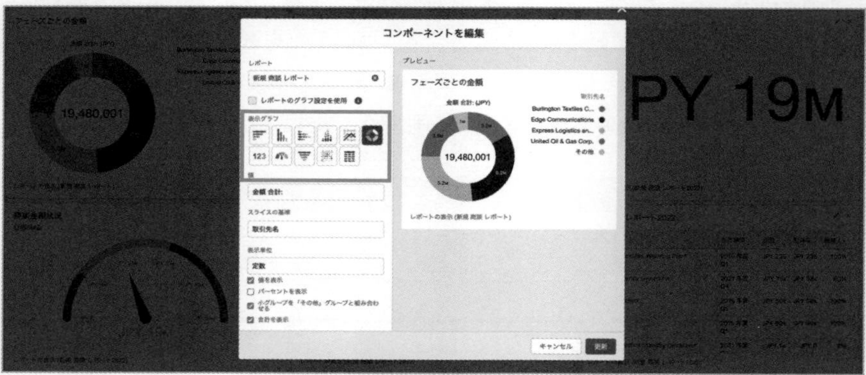


## ダッシュボードを会議で使用

ダッシュボードは会議で使用できます。事前にメンバーで共有しておけば、会議を短時間かつスムーズに進行できます。また、会議で説明したいグラフのコンポーネントの右上にある［展開］アイコンをクリックすると、画面いっぱいに広がり、紙芝居のように次のグラフに切り替えることができるので、別モニターで映す場合やWeb会議ではメンバーに伝わりやすく、効率的に説明ができます（**画面3、画面4**）。

画面3 コンポーネントの展開前

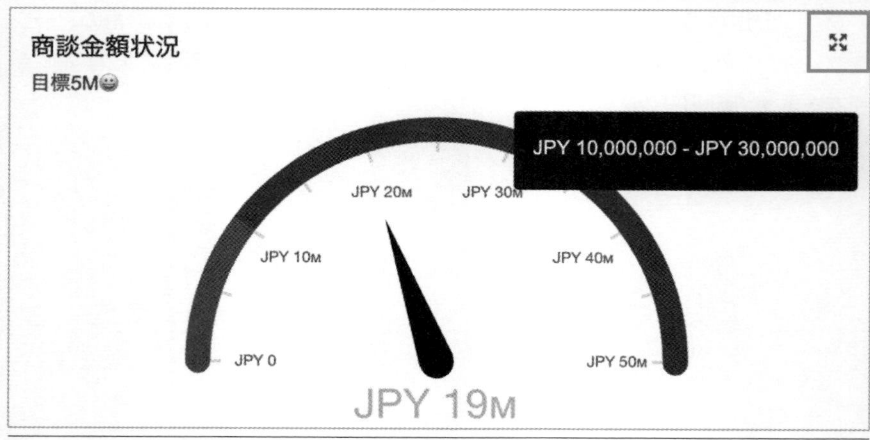

**画面4 コンポーネントの展開後**

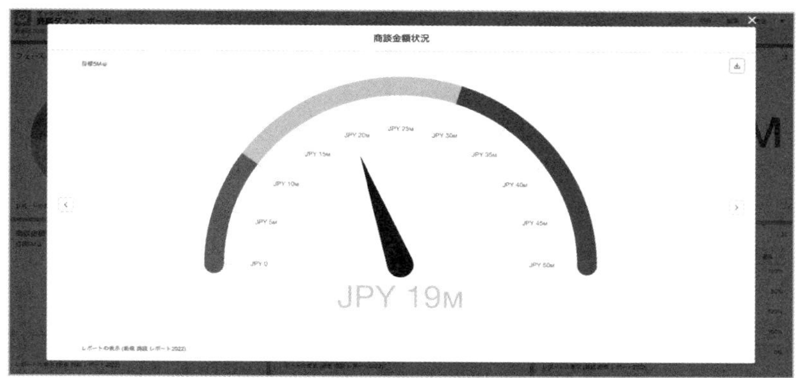


## ダッシュボードはモバイルでも確認可能

ダッシュボードは、外出先でもモバイルで確認できます（**画面5**）。モバイルで頻繁に確認することがあれば、ダッシュボードを作成した後に、モバイルで確認しながらグラフの配置などをより見やすいものに変更します。

**画面5 ダッシュボードをモバイルで確認**

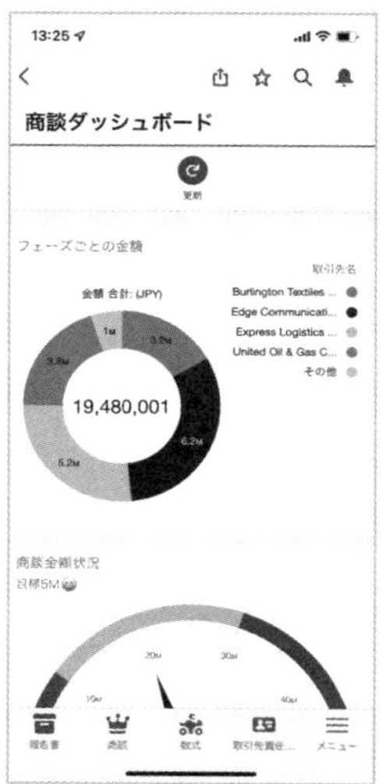

## 何を見たいかをイメージする

最初にSalesforceで何ができるかを考えずに、どのような管理をしたいのかをExcelなどでイメージを作成します。分析するために必要な項目が明確になってから、項目を作り始めると最も効率が良いです。筆者は今でも、スプレッドシートに必要項目とデータ型（テキスト・日付・通貨など）を書き出してから構築を始めています。

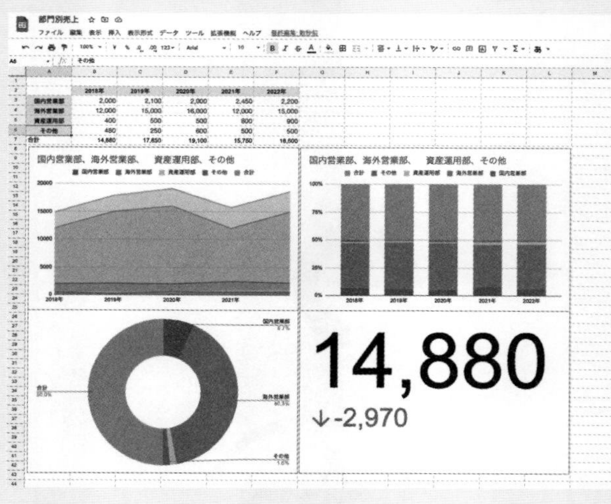

# Salesforce内でのコミュニケーション

Salesforceには、Chatterというコミュニケーションツールがあります。社内はもちろん、社外ともコミュニケーションが可能です。Salesforceで様々な情報を共有するためにChatterはとても便利なツールなので、理解しておきましょう。

図解入門
How-nual

# 6-1

# Chatterの使い方① 社内ユーザ

Chatterは、社内や外部パートナーとコミュニケーションできるツールです。様々な共有の場として、業務が円滑に進むように便利な機能を理解していきましょう。

## メンション

**Chatter**（チャター）は、FacebookやTwitterにとてもよく似たコミュニケーションツールで、画面上の［Chatter］タブをクリックすると使用できます。Chatterでは、ユーザに宛先をつけることを**メンション**と呼び、メンションされた相手に通知が届きます。メンションは「@」（半角アットマーク）、また投稿をまとめる**トピック**は「#」（半角シャープ）を使用します。グループを作成し、メンバーを招待することもできます。

**画面1**では、［@鈴木 太郎］さんにメンションしています。メンションは「@」を入力後、ユーザの氏名を入力すると候補が表示されるので、メンションしたい相手を選択します。

**画面1　Chatterの画面**

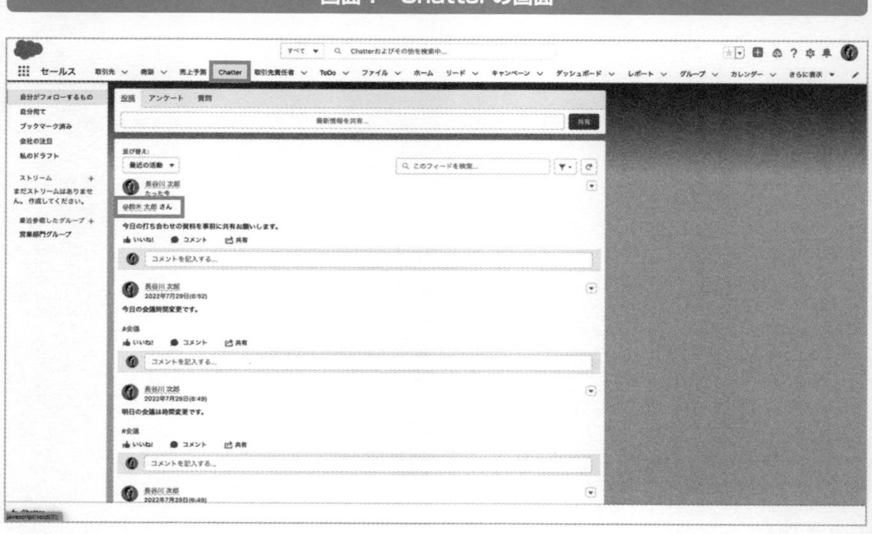

**画面2**では、「@」を入力した後に「鈴木」と入力すると、ユーザの候補が表示されます。候補がたくさんいる場合は、ユーザが複数表示されるので、メンションしたいユーザを選択します。また、メンションは、複数のユーザやグループに対しても実行できます。

**画面2　Chatterのメンションの方法**

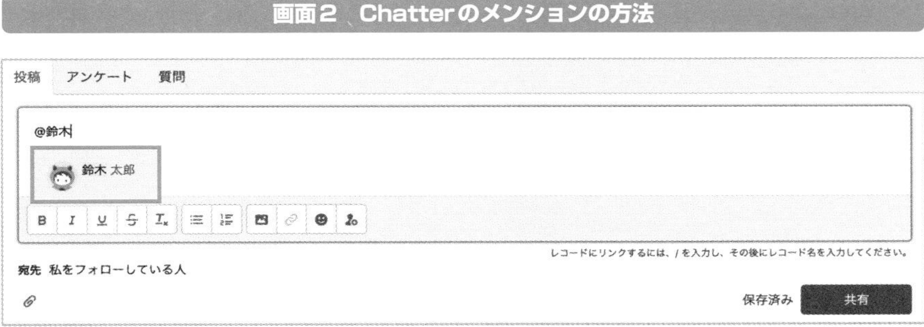


## Chatterグループ作成

Chatterでは、グループを作成できます。例えば、部門ごとのグループなどを作成しておくと、グループユーザ限定で情報を共有したい時に便利です。Chatterでのグループの作成方法は、まず［最近参照したグループ ＋］をクリックし、［新規］ボタンをクリックします（**画面3**）。

**画面3　Chatterグループ作成**

［新規グループ］画面が表示されるので、名前やアクセス種別（公開/非公開）を設定して、グループを作成します（**画面4**）。

### ●公開

投稿できるのはグループメンバーのみですが、誰でも投稿を参照でき、公開グループに参加できます。

### ●非公開

投稿と投稿の参照ができるのはメンバーのみです。メンバーの追加は、グループの所有者またはマネージャが行う必要があります。

また、必須ではありませんが、視認性を上げるためにもグループのアイコンを設定しておきましょう。

**画面4　新規Chatterグループ作成**

## ハッシュタグ

Chatterでは、**ハッシュタグ**が使用できます。同じような投稿を後から見直す時にとても便利です。例えば、「#会議」と入力して投稿し、ハッシュタグをクリックすると、同じハッシュタグがついた投稿を時系列で確認できます（**画面5**）。

**画面5　ハッシュタグで過去の投稿を確認**

## レコードリンク

Chatterでは、**レコードリンク**も簡単に貼ることができます。「/」(半角スラッシュ) の後にレコード名を途中まで入力すると候補が表示されるので、リンクを貼りたいレコード名を選択します (**画面6**)。

**画面6　レコードリンクを投稿可能**

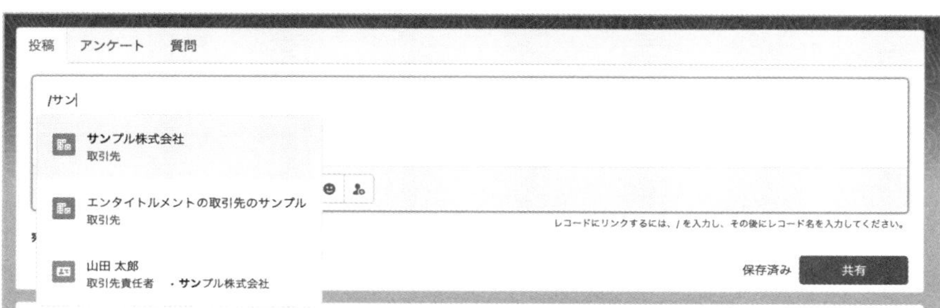

## レコードからChatter投稿

Chatterでは、**レコード**からも投稿が可能です。例えば、ある取引先のレコードページから投稿すると、レコードに紐づいた状態で投稿されます（**画面7**、**画面8**）。

画面7　レコードからのChatter投稿

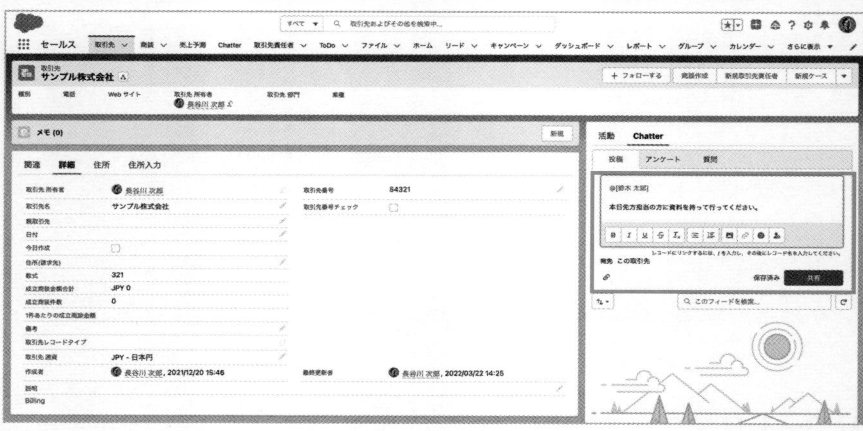


画面8　レコードからのChatter投稿後

# 6-2

# Chatterの使い方② 外部パートナー

Chatterは社内だけではなく、外部パートナーを招待してコミュニケーションをすることもできます。Chatterの外部パートナーとグループ作成方法を説明していきます。

## Chatter Externalユーザの作成

社内ユーザと同様に、外部パートナーも作成する場所は同じです。[ユーザ作成]画面*で [新規ユーザ] ボタンをクリックすると、ユーザが作成できます。外部パートナーの場合は、[ユーザライセンス] は「Chatter External」、プロファイル*は「Chatter External User」を選択してください(**画面1**)。Chatter Externalユーザは、最大500ユーザまで作成可能で、Chatterのみが使用できるユーザになります。またライセンス利用料は、無料です。

**画面1 ユーザの編集**

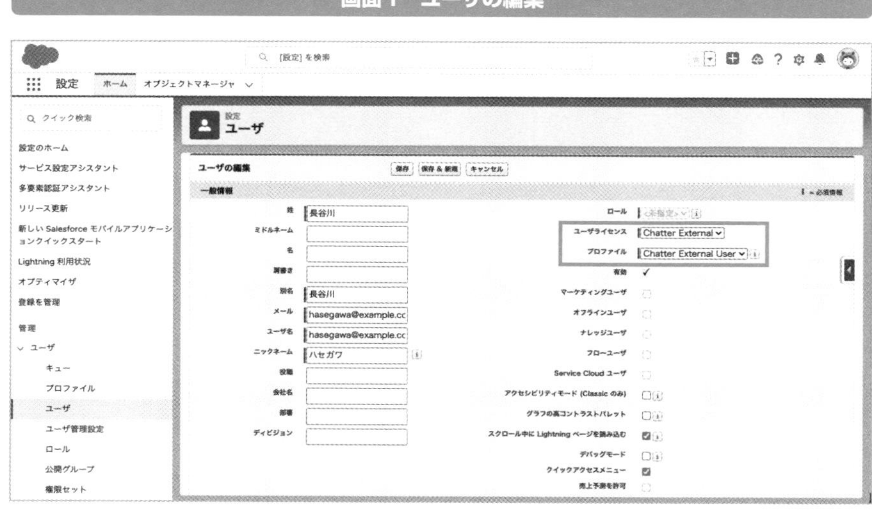


* **[ユーザ作成] 画面** 画面右上の [歯車] アイコンから [設定] に進み、[ユーザ] → [ユーザ] に進むと表示される。
* **プロファイル** Salesforceのすべてのユーザが必ず1つのプロファイルを設定する必要がある。ユーザによるオブジェクトや項目のアクセス権の設定、アプリケーション、タブ、ページレイアウトの表示/非表示の設定が可能。

## Chatterグループの作成

社外ユーザが作成できたら、外部パートナーとのコミュニケーションの場であるChatterグループを作成します。Chatterの画面の右側にある［最近参照したグループ　+］をクリックし、Chatterグループの画面で［新規］ボタンをクリックします（**画面2**）。

**画面2　［最近参照したグループ +］をクリック**

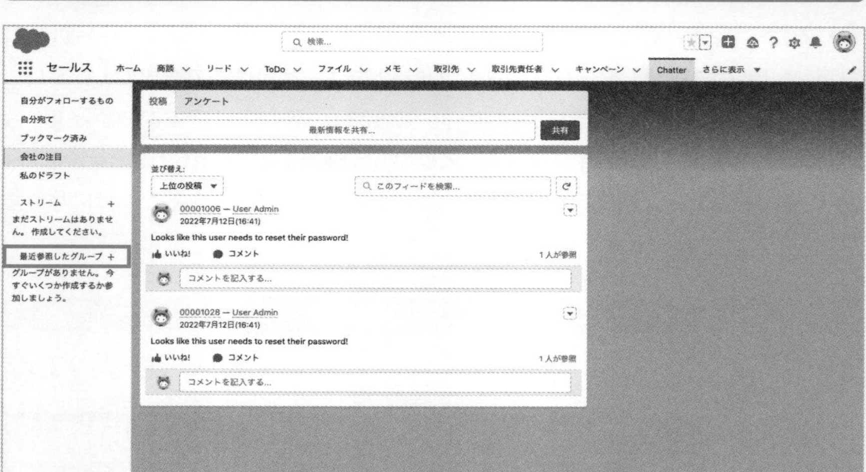


外部パートナーを招待する場合は、Chatterグループ作成時に［アクセス種別］を「非公開」にし、［顧客を許可］にチェックを入れてください（**画面3**）。この設定しないと、外部パートナーをChatterグループに招待できません。

［保存＆次へ］ボタンをクリックすると、Chatterグループの画像に続いて、［メンバーの管理］画面が表示されるので、外部パートナーを追加してください（**画面4**）。

**画面3　新規グループ**

新規グループ

Salesforce Sans　12

*所有者

Hasegawa Shin

*アクセス種別

非公開

顧客を許可

アーカイブ

自動アーカイブを無効化

ブロードキャストのみ

キャンセル　保存 & 次へ

**画面4　メンバーの管理**

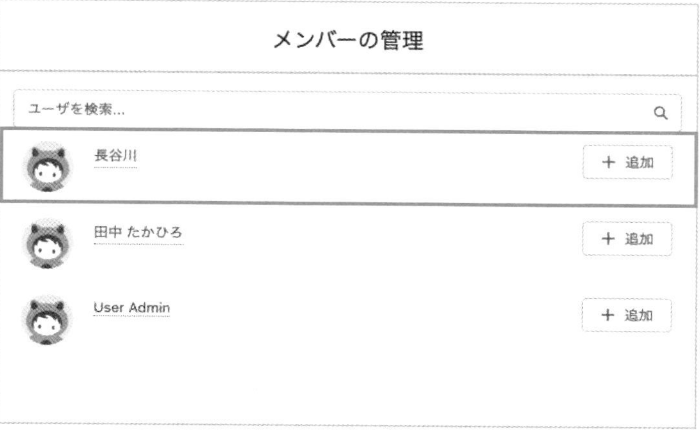

COLUMN

## 毎日ログインして、最低５分はSalesforceに触れる時間を作る

Salesforceには便利な機能がたくさんありますが、毎日ログインしていないと、どんどん便利な機能を忘れていき、ログインすることさえもストレスになります。導入初期は特に毎日５分でもよいので、ログインしてみましょう。習慣化できれば、ストレスなく継続することができます。

# 第7章

# 標準オブジェクトの登録方法

データ分析をするためには、まず登録が必要になります。この章では、Salesforceの代表的な標準オブジェクトの登録方法を紹介します。

# 7-1 取引先の登録

Salesforceでは、顧客企業を「取引先」という標準オブジェクトに登録します。登録に際して、どのような項目があるのかを紹介します。

## 取引先の入力方法

新規の**取引先**を登録をする場合は、まず［取引先］タブをクリックすると表示される取引先の一覧で、［新規］ボタンをクリックします（**画面1**）。

画面1　取引先の一覧

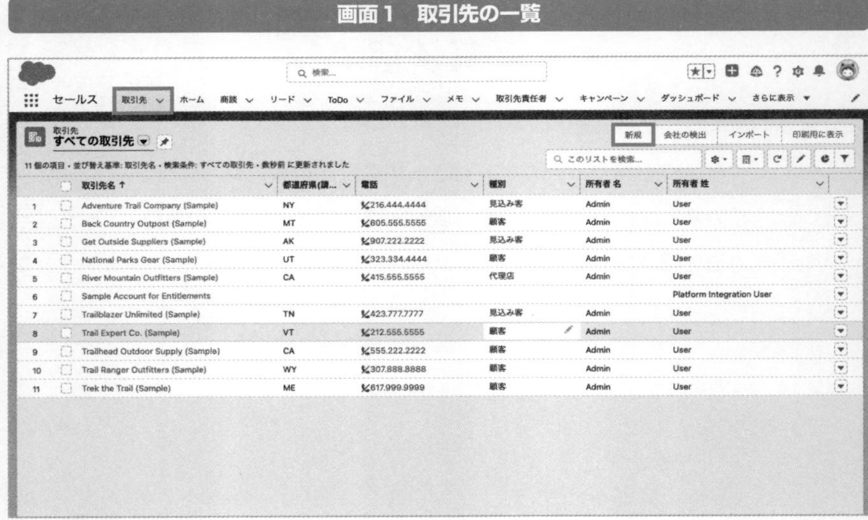


［新規取引先］画面が表示されるので、必要な情報を入力します（**画面2**）。「*」がついている欄は、必須項目となっているので必ず入力してください。入力しないと保存できません。

**画面2 新規取引先責任者**

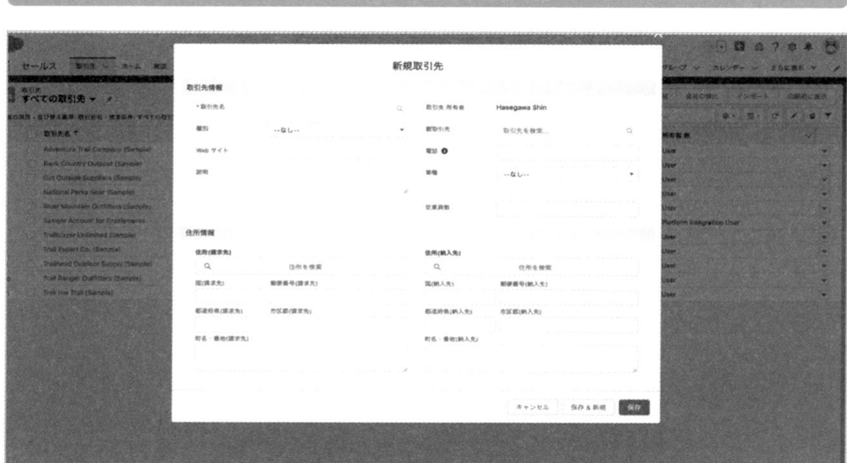


Salesforceでは、プログラムの知識を必要とせずに、項目の追加や項目の配置変更などが簡単にカスタマイズできます。また［電話］欄に電話番号を入力しておくと、Salesforceから電話ができ、［住所］欄に住所を入力すると、Googleマップが表示されます（**画面3**）。

**画面3 取引先入力後の詳細**

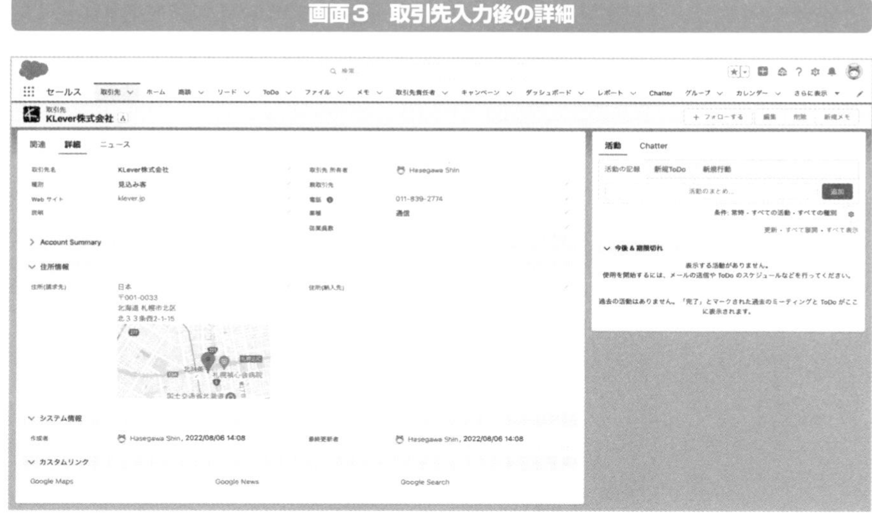

# 7-2

# 取引先責任者の登録

取引先に所属する取引先責任者の登録方法を説明します。

## 取引先責任者の入力方法

Salesforceでは、1つの取引先に対して複数の**取引先責任者**を登録できます。[取引先責任者] タブをクリックすると、取引先責任者の一覧画面が表示されますので、[新規] ボタンをクリックします (**画面1**)。

画面1　取引先責任者の一覧

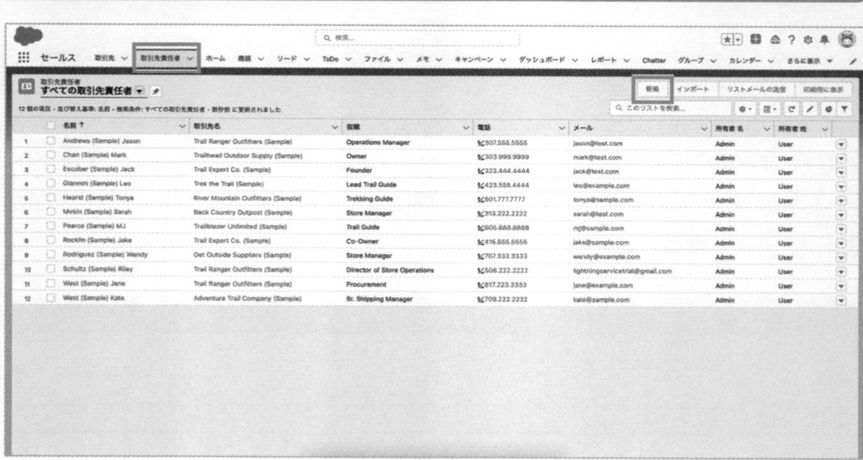

[新規取引先責任者] 画面が表示されるので、必要な情報を入力してきます (**画面2**)。「*」がついている [姓] 欄と [取引先目] 欄は必須項目となっていますので、必ず入力してください。入力しないと保存できません。[取引先名] は、取引先責任者が所属する取引先を選択します。まだ取引先を作成していない場合は、取引先の入力部分をクリックすると、[+ 新規取引先] が表示されるので、この時点で同時に作成することもできます。

初期の段階では、必須項目は [姓] と [取引先名] になっていますが、ほかの項目を必須項目にすることもできます。

**画面2　新規取引先**

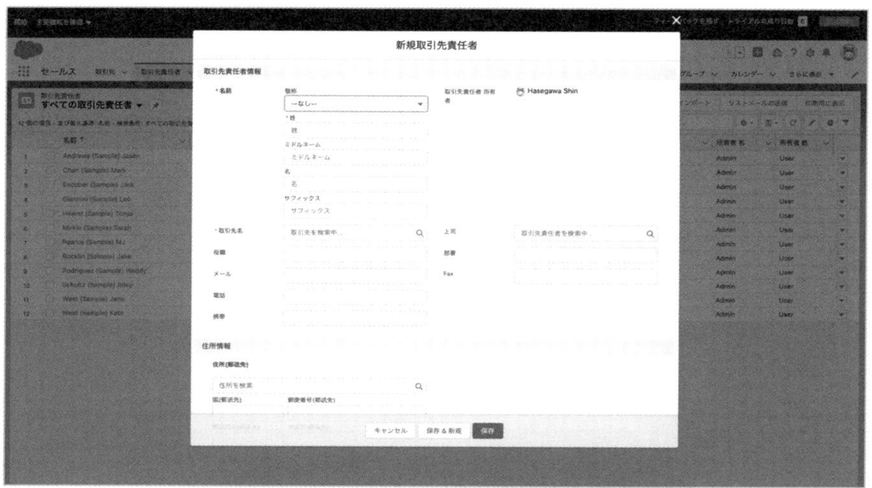


　また、必須項目ではありませんが、[メール] 欄（メールアドレス）は、可能な限り入力しておきましょう。メールアドレスを入力しておくことで、Salesforceから1対1のメールや、リストメールを送信することができ、様々なアプローチができます。メールを送信した履歴もSalesforce上に残るので、社内でいつ誰にメールを送ったが共有されます。今後、取引先の自社担当者が変わった際に過去のメールのやり取りを確認できると、新しい自社担当者はスムーズに営業活動を引き継ぎできます。

　メールアドレスは、Salesforceだけではなく、MAのAccount Engagement（旧Pardot）でも利用が可能なので、名刺情報にメールアドレスがあれば、取引先責任者のメールに必ず入力しておくようにしましょう。

# 7-3

# 商談の登録

Salesforceでの商談の登録に、どのような項目があるかを紹介します。

## 商談の入力方法

**商談**の登録は、[商談] タブをクリックすると表示される商談の一覧画面で、[新規] ボタンをクリックします（**画面1**）。

画面1　商談の一覧

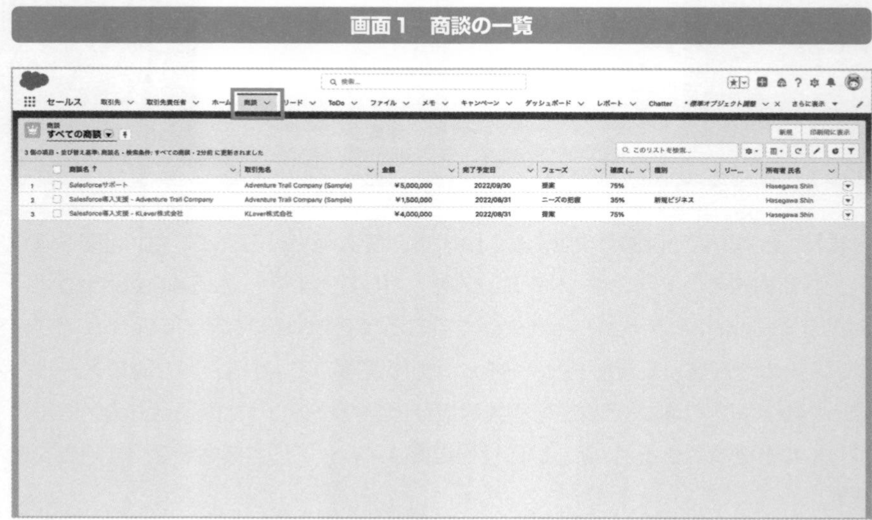

[新規商談] 画面が表示されるので、必要な情報を入力してきます。「*」がついている [商談名] [取引先名] [完了予定日] [フェーズ] は必須項目となっていますので、必ず入力してください。商談の作成時に [取引先] が登録されていない場合は、[新規商談] 画面で [取引先名] の入力部分をクリックすると、取引先の新規作成が可能です（**画面2**）。

画面2　新規商談

必須項目をさらに増やしたい場合は、[オブジェクト編集] の [項目とリレーション] や [ページレイアウト] で必須項目に設定することが可能です。**画面3**の [新規商談] 画面において、項目の追加や配置を変更する場合、すべてのオブジェクトは [オブジェクトマネージャ]、項目の追加は [項目とリレーション]、項目の配置の変更は [ページレイアウト] で設定が可能となっています。

画面3　新規商談

**画面4**の❶は、**パス**と呼ばれるフェーズ項目になり、商談の進捗を表しています。❷の［商品］部分で、商談で取り扱われる商品を追加すると、商品の合計金額が❸の商談の［金額］欄で積み上げ集計されます。

画面4　商談詳細

**画面4**の❹の［ファイル］部分には、商談に関連するファイルを添付することができます（**画面5**）。PDFやExcelで作成した資料など、様々な種類のファイルを添付できます。

画面5　ファイル添付

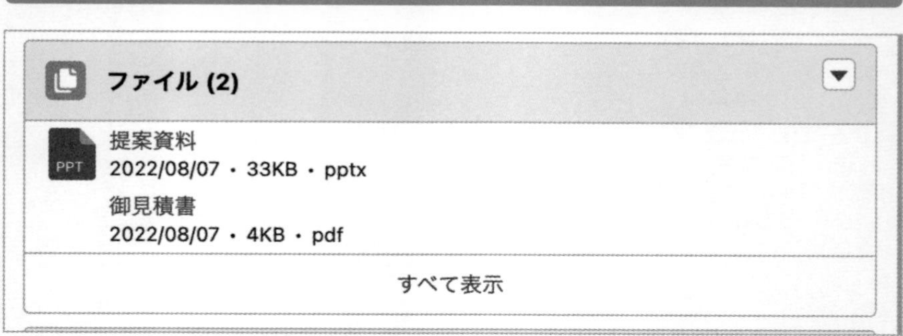

フェーズに関しては、商談に関わっている期間をレポート機能で可視化できるので、誰がどのフェーズで停滞しているのかが一目瞭然です。営業担当者のマネージャは、フェーズの期間を確認した上でサポートが可能となります。

商談の［商品］部分は商品オブジェクトに一度登録しておけば、別の商談でも利用可能です。また、1つの商品に対して、複数の価格を設定できる価格表もあるので、商談作成時に価格表を選択して、価格を変更できます（**画面6**）。

**画面6　商品の価格表の変更**

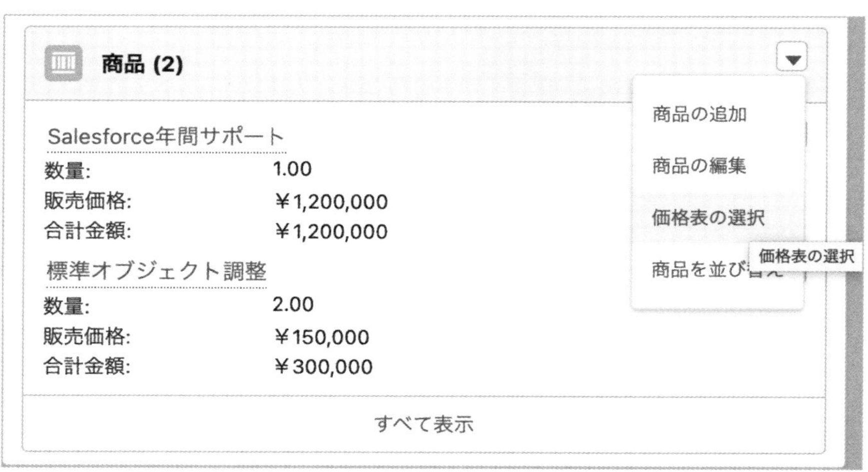

# 7-4

# ToDoの登録

ToDoは、「やること」を意味します。ToDoで「やることリスト」を作成し、作業を漏れなく効率的に進めましょう。

## ToDoの入力方法

ToDoの作成は、[ToDo] タブをクリックすると表示されるToDoの一覧画面で、[新規ToDo] ボタンをクリックします（**画面1**）。

**画面1　ToDoの一覧**

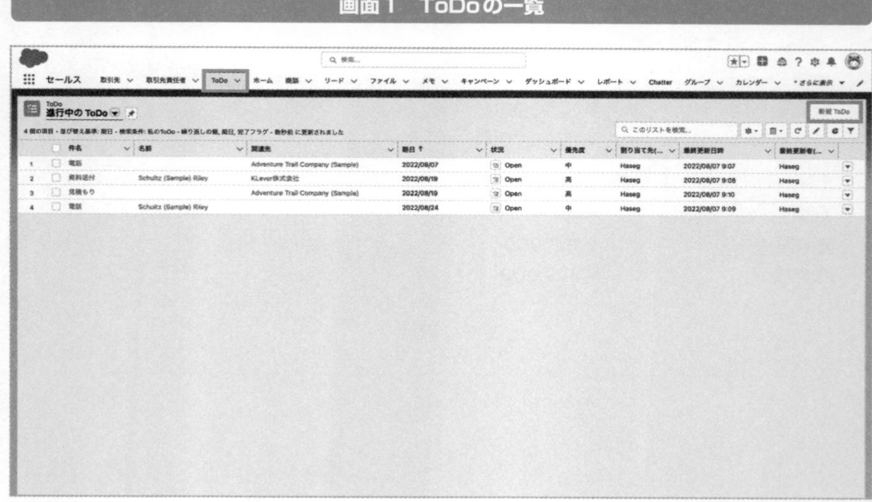


[新規ToDo] 画面が表示されるので、必要な情報を入力してきます（**画面2**）。「*」は必須項目となっているので、必ず入力する必要があります。

画面2　新規ToDo

必須項目の［件名］欄は選択リストになっていて、件名の種類はカスタマイズできます（**画面3**）。また、［期日］欄は、入力して期限が切れてしまった場合、［期限切れのToDo］として確認できます。

画面3　ToDoの件名の選択

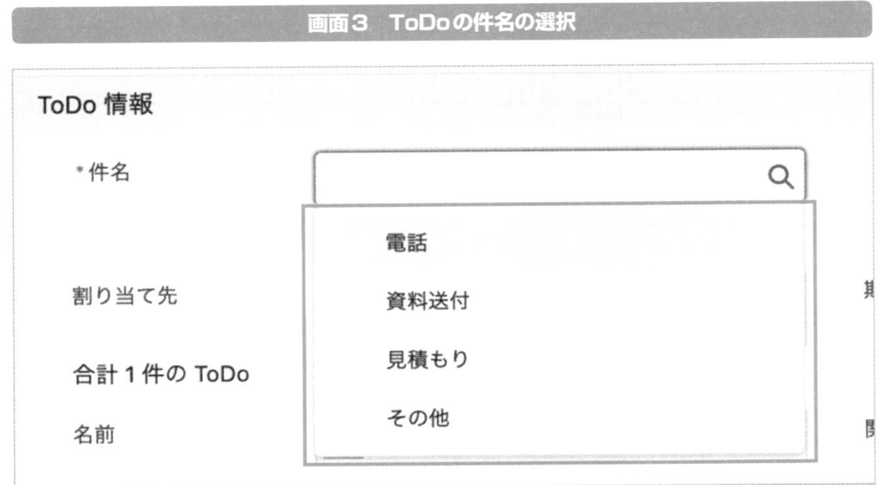


## レコードからToDoを作成

ToDoは、レコードから作成することも可能です。例えば、ある取引先のレコード画面から作成すると、取引先に紐づいたToDoを作成することできます。

# 7-5

# 活動の記録の登録

「活動の記録」に顧客へのアプローチ方法を登録しておくことで、過去の活動などを振り返ることができます。

## 活動の記録の入力方法

**活動の記録**では、顧客への訪問結果などを登録しておくと、過去の活動の振り返りや活動量の集計に使用できます。[活動の記録] は、レコード画面から登録ができ、登録したものは時系列で確認ができます。レコード画面で [活動の記録] をクリックしたら、ToDoと同様に [件名] から項目を選択し、コメントがあれば入力して保存します (**画面 1**)。

**画面 1　活動の記録はレコード画面から登録**

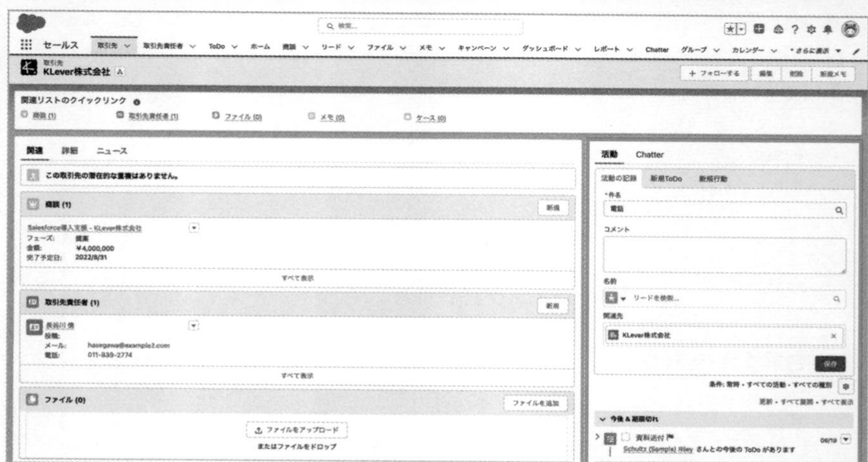

過去の活動は、時系列で確認ができます。例えば、**画面2**は、2022年8月に電話を2回していることになります。自社の取引先担当が変わるタイミングで活動の記録を残しておくと、自社の担当者の引き継ぎがとてもスムーズになります。

**画面2　過去の活動を確認**

活動　Chatter

活動の記録　新規ToDo　新規行動

活動のまとめ...　追加

条件: 常時・すべての活動・すべての種別

更新・すべて展開・すべて表示

> 今後 & 期限切れ

∨ 8月・2022　今月

電話　今日
活動を記録しました

電話　今日
活動を記録しました

これ以上読み込む過去の活動はありません。

活動の粒度は決める必要がありますが、社内で活動が共有されると、取引先との接触頻度やコミュニケーションの内容が可視化されるので、営業活動がさらに効率的になります。

# 7-6

# 行動の登録

Salesforceの「行動」は、スケジュールです。行動を登録することで、Salesforce上でスケジュール管理ができます。

## 行動の入力方法

**行動**は、[活動の記録] と同様にレコード画面から登録できます。レコード画面で[新規行動] タブをクリックし、必須項目の [件名] [説明] [開始日時] [終了日時] を入力します (**画面1**)。

画面1　レコード画面から行動の登録

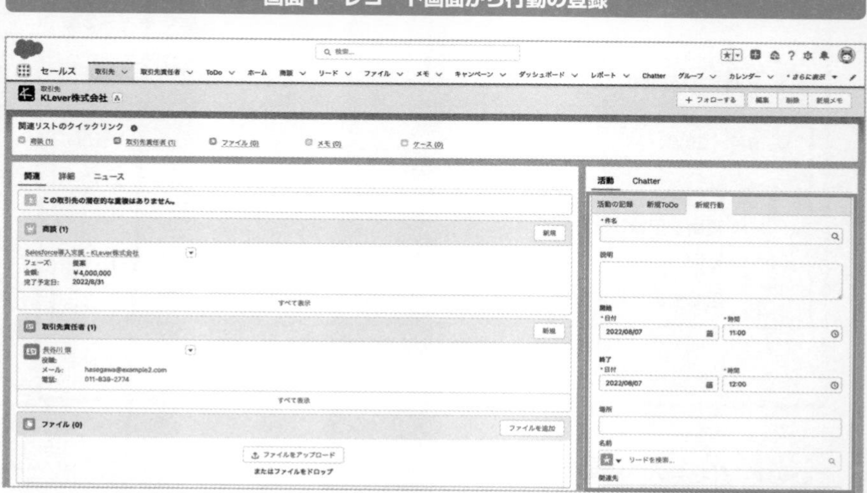

行動を入力した後は、時系列で確認ができます (**画面2**)。

**画面2　行動を時系列で確認**

## カレンダーでの登録

　行動は、**カレンダー**からも登録と確認ができます。行動を登録したい日の列をクリックすると、新規行動の画面が表示されます（**画面3**）。

**画面3　カレンダーで行動を登録と確認**

## COLUMN ゴールの設定

Salesforceを導入するプロジェクトにゴールの設定は必要で、それがないと進捗や効果がわかりにくくなります。ゴールとしては、次のような設定などで構いません。

①1年間の商談件数を1000件にする
②3年後の売上を＊＊＊＊＊＊円に！
③お客様訪問件数を1人で月100件

ゴールを明確化することで、部署ごとに何をしなくてはいけないか、誰が何をしなくてはいけないかが明確になってきます。ゴールを決めずにSalesforceを導入してしまうと、迷走してしまう可能性が高いので、必ず達成しなくてはいけないゴールを決めて、その中でステップを区切り、ステップごとのゴールも設定しておくとよいでしょう。

例えば、「取引先訪問件数を1000件！」などの明確な目標を立て、現状と目標がどのくらい差があるかダッシュボードで表示し、後どれくらいの件数を積み上げれば目標達成できるかを、ホーム画面などの見やすい位置へ配置し、ゲーム感覚で目標に向かうのがよいでしょう。

第 8 章

# レポートの作成

この章では、Salesforceで入力したデータを集計するレポート機能について触れていきます。レポートの作り方、レポート共有方法、レポートの種類などを説明します。

# 8-1

# レポートタイプの選択

レポートを作成する時には、必ず「レポートタイプ」を選択しなくてはいけません。レポートタイプの種類やカスタムでの作成方法を紹介します。

## レポートの新規作成

**レポート**の作成は、まず［レポート］タブをクリックし、［新規レポート］ボタンをクリックします（**画面1**）。

画面1　［レポート］タブをクリック

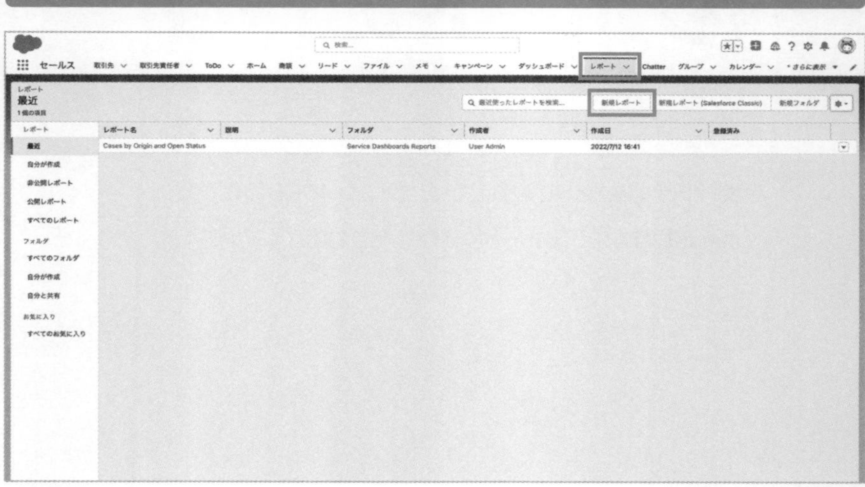


［レポートを作成］画面が表示されるので、**レポートタイプ**を選択します（**画面2**）。例えば、取引先のデータでレポートを作成したい場合は［取引先］を選び、商談のデータでレポートを作成したい場合は［商談］を選択します。基本的には、データのあるオブジェクトの名前でレポートタイプを選択します。

**画面2　レポートタイプの選択画面**

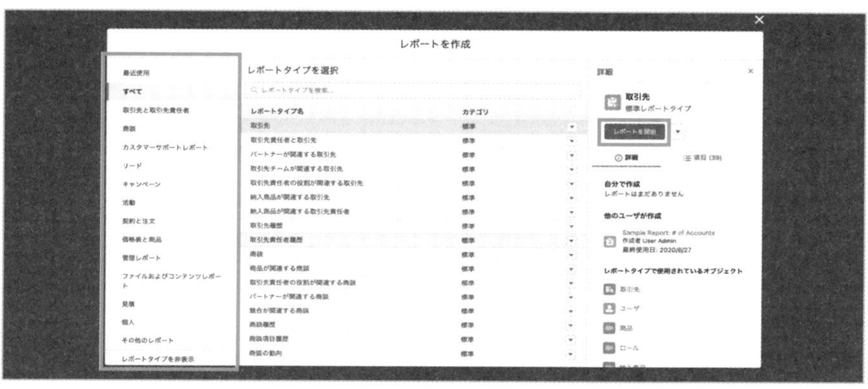


［レポートタイプを選択］でレポートタイプを検索するか、画面の左にカテゴリがあるので、そこからレポートタイプを選択していきます。レポートタイプが決まったら［レポートを開始］ボタンをクリックすると、レポート編集画面に切り替わります（**画面3**）。

**画面3　レポート編集画面**

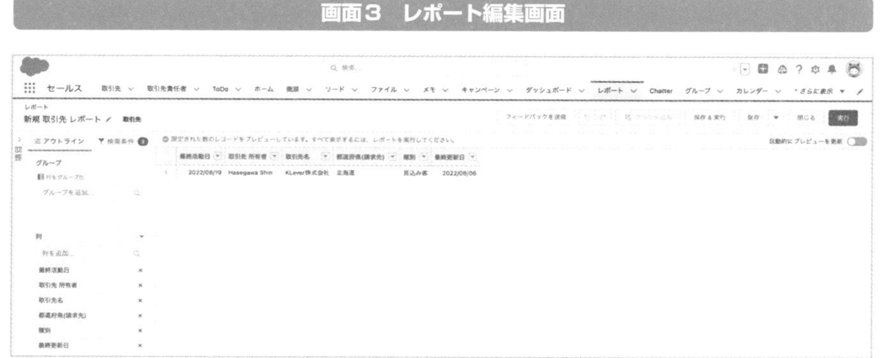


## ●カスタムレポートタイプ

レポートタイプには、はじめから備わっている標準のレポートタイプと、カスタムで作成した**カスタムレポートタイプ**があります。標準のレポートタイプでレポート作成が実現できない場合は、カスタムレポートタイプを作成します。

カスタムレポートの作成は、［レポートタイプ］画面*で行います。［新規カスタムレ

* **［レポートタイプ］画面**　［クイック検索］で「レポートタイプ」と検索し、検索結果の［レポートタイプ］を選択すると表示される。

ポートタイプ] ボタンをクリックすると、カスタムレポートが作成されます (**画面4**)。

画面4 レポートタイプ (すべてのカスタムレポートタイプ)

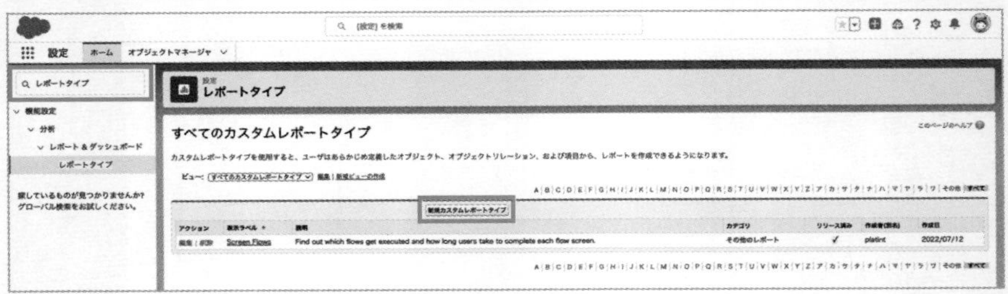


## 使用しているレポートタイプの確認

[レポートを作成] 画面でレポートタイプを選択する際に、自分で作成したレポートと、ほかのユーザが作成したレポートが別れて表示されます (**画面5**)。レポートの数が増えていくと、似たようなレポートをたくさん作成してしまう場合があるので、レポートタイプを選択し、レポート作成する前に一度確認してみましょう。

また、[レポートタイプを作成] 画面では、レポートタイプで使用されているオブジェクトも確認できるので、レポートで集計したいオブジェクトが含まれていなければ別のレポートタイプを選択します。

画面5 レポートを作成

# 8-2 レポートの共有

レポートを作成後、レポートフォルダに格納し、メンバーに共有する方法を説明します。

## レポートはフォルダ単位で共有

作成した**レポート**は、ほかのユーザに見てもらうために、共有できる設定があります。レポート一覧で確認すると、レポートは必ずフォルダに格納されています（**画面1**）。ほかのユーザに共有する時はフォルダ単位で共有します。

**画面1　レポート一覧でフォルダの確認**

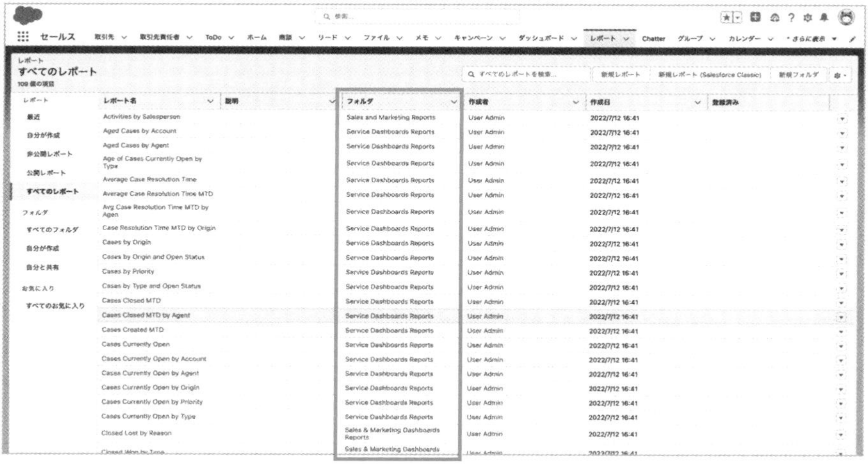

フォルダの共有方法は、フォルダ名の右端の［▼］から［共有］をクリックし、共有したいユーザ、ロール、グループを選択して共有します（**画面2**）。

**画面2 レポートフォルダの共有**

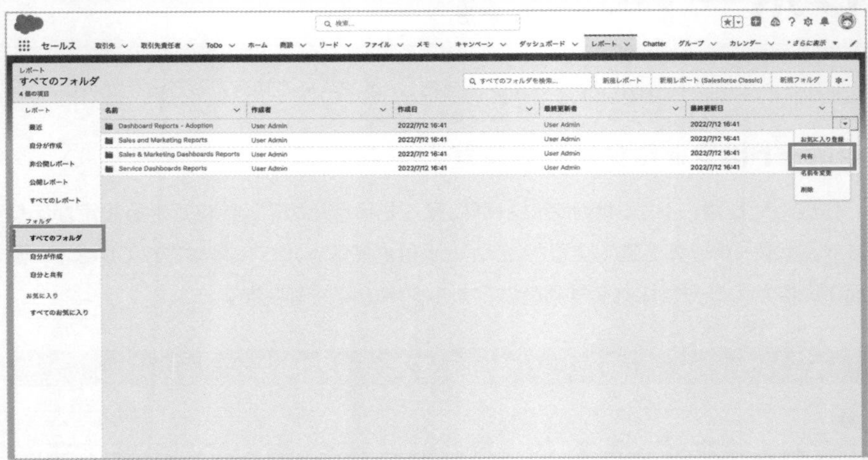


［フォルダの共有］画面の［アクセス］線には、「表示」「編集」「管理」の3つがあります（画面3）。「表示」は閲覧のみ、「編集」は参照と保存、「管理」は参照、共有、保存、名前変更、削除ができます（**画面3**）。

**画面3 フォルダの共有**

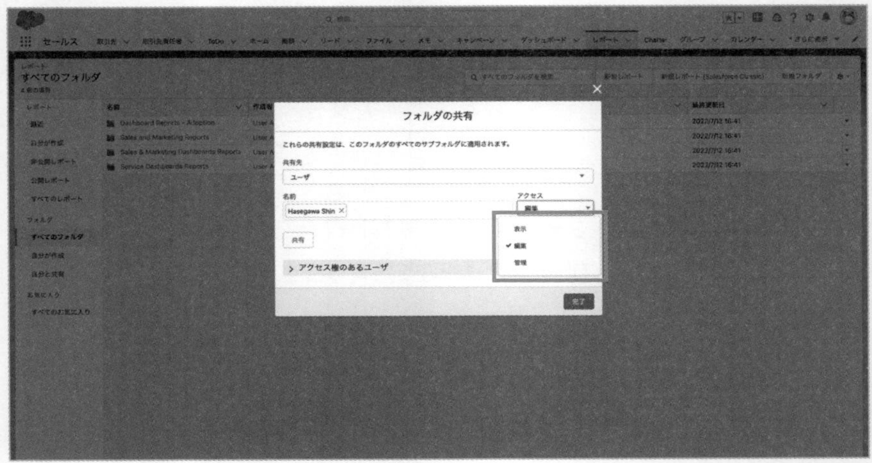

# 8-3 レポートの集計

レポートの集計には複数の種類があり、それを説明します。

## 集計の種類

レポートの項目のデータ型が**数値型**や**通貨型**であれば、集計ができます。レポートの集計の種類には、[合計値] [平均値] [最大値] [最小値] [中央値] の5種類があります。使用したい値の種類にチェックを入れておきましょう (**画面1**)。

画面1 レポート集計の種類選択

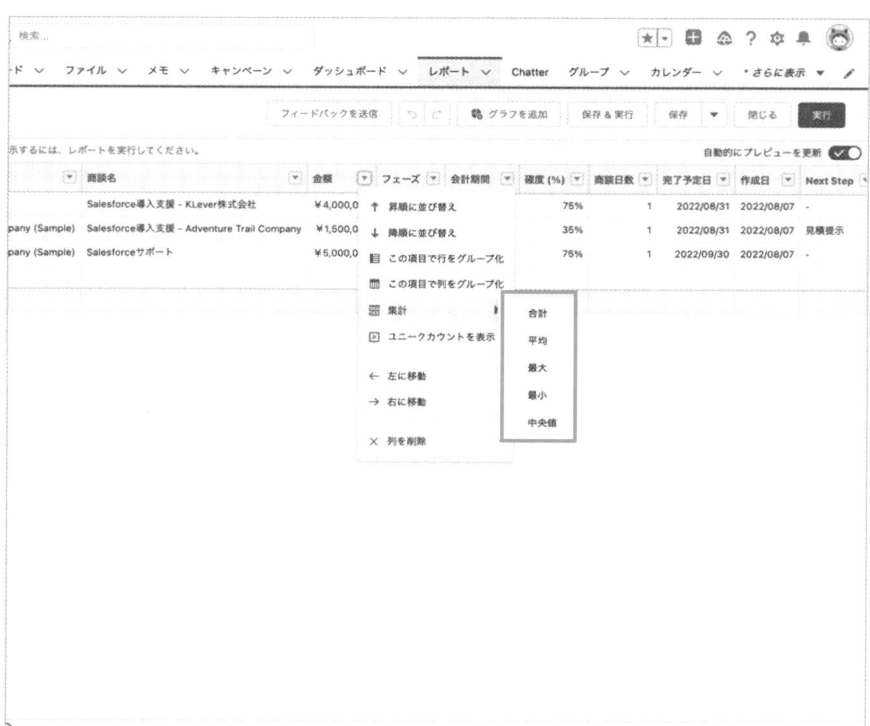

項目をグループ化してあれば、小計で選択した値の種類で集計され、合計はグループに関係なく、全体で集計されます（**画面2**）。

**画面2　レポートでグループと全体での集計**

行のグループは、最大で３つまでグループ化可能です。この最大となる３つをグループ化した場合は、３つのグループごとの小計が表示されるようになります。

# 8-4

# 集計のカスタマイズ

レポートの集計をカスタマイズする方法を説明します。

## レポートカスタム項目の作成

レポートの集計は、カスタムで作成した集計項目も使用できます。レポート編集画面の左側にある［列］の［▼］をクリックし、［集計項目を追加］を選択します（**画面1**）。

画面1　集計項目を追加

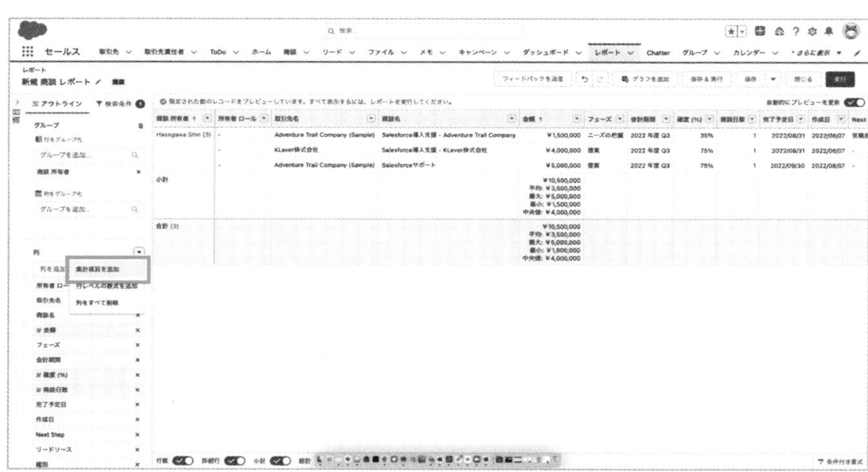


［集計レベルの数式列を編集］画面が表示されたら、［列の名前］欄に入力し、［数式出力種別］を選択します。例えば、**画面2**では、「成約率」を設定しています。［項目］を使用し、数式を作成します。成約率を集計する場合の数式は、「成立フラグ/レコード件数」になります。

画面2 集計レベルの数式列を編集

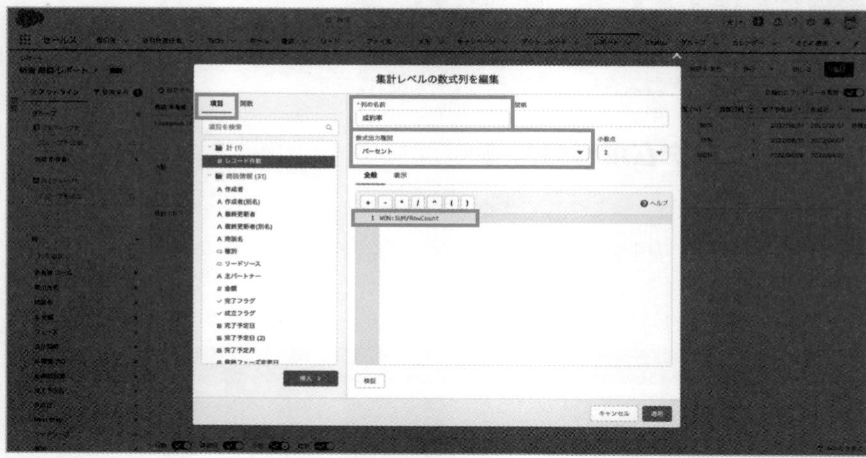


数式に間違いないかは［検証］ボタンをクリックして確認し、問題なければ［適用］ボタンをクリックしてレポートに反映させます（**画面3**）。演算子は、数式の入力欄のすぐ上にありますが、直接キーボードで入力しても構いません。

画面3 集計レベルの数式列を編集

# 8-5

# 結合レポートの設定

異なるレポートタイプを結合する方法を説明します。

## 結合レポートの設定

レポートで別のレポートタイプのレポートをブロックとして追加できる機能を**結合レポート**と言います。レポート編集画面の左上の［レポート▼］をクリックすると、結合レポートに切り替えることができます（**画面1**）。

**画面1　結合レポートへの切り替え**

結合レポートに切り替えた後に、［ブロックを追加］ボタンがあるので、クリックするとレポートタイプの選択画面が表示されます。結合させたいレポートタイプを選択しましょう。例えば、**画面2**では、商談レポートにケースのレポートを追加し、取引先名でブロックをまたいでグループ化しています。ブロックは、最大で5ブロックまで追加可能です。

## 画面2 結合レポート

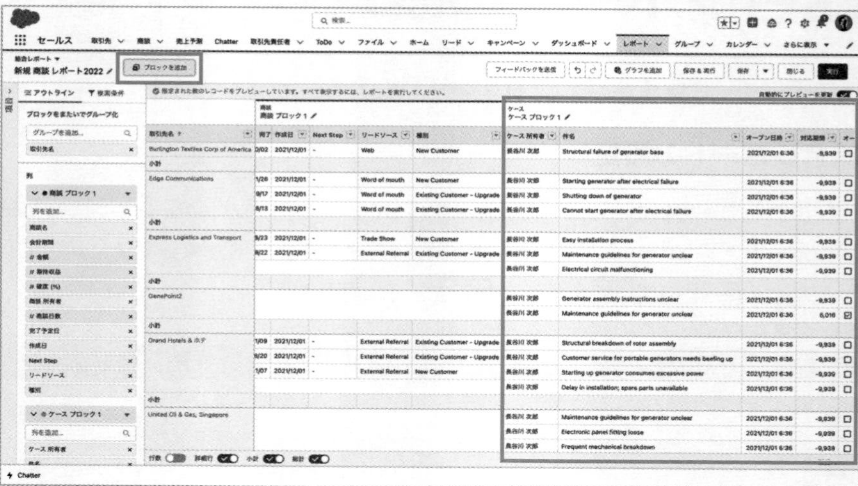

# 第9章

# ダッシュボードの作成

レポートを作成した後で、ダッシュボードが作成可能になります。様々なグラフを用いて、データを可視化する方法を紹介します。

# 9-1

# グラフの種類

ダッシュボードで使用できるグラフの種類の説明をします。

## ダッシュボードのグラフの種類

**ダッシュボード**は、これまで何度か説明してきたようにレポートのデータをグラフ化して、1つの画面に集約する機能です。複数のレポートデータが一目瞭然で、全体像を俯瞰して素早く把握することができます。ダッシュボードのグラフは、全部で11種類あります。より伝わるダッシュボードを作成するためグラフの種類を知っておく必要があります。

画面1　横棒グラフ

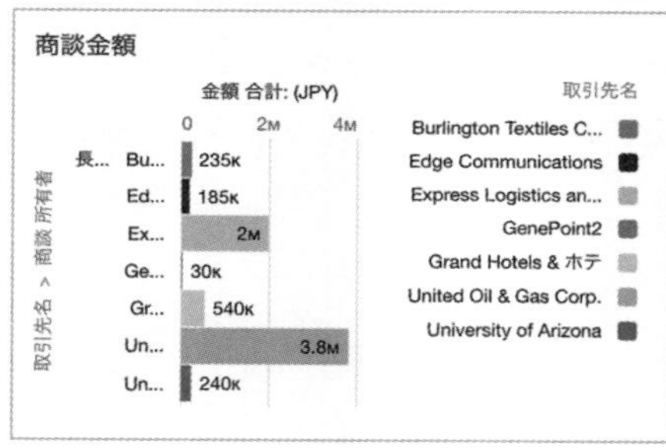


画面2　縦棒グラフ

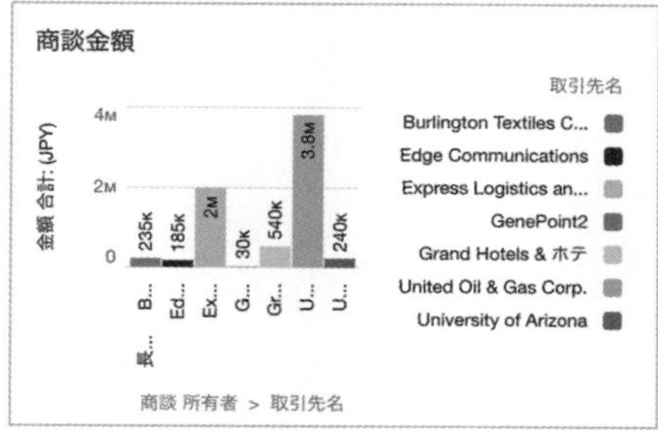

**画面3　積み上げ横棒グラフ**

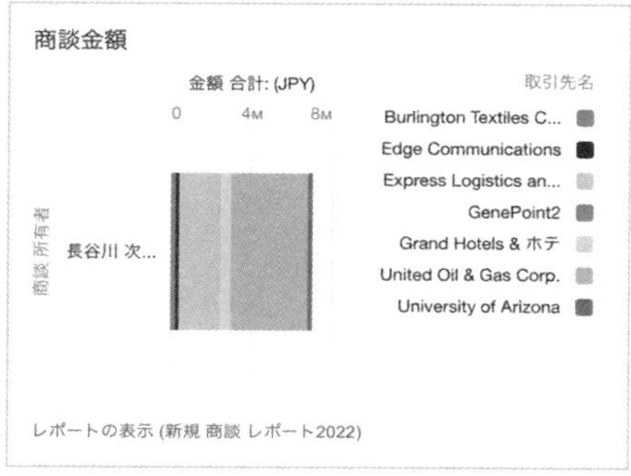


**画面4　積み上げ縦棒グラフ**

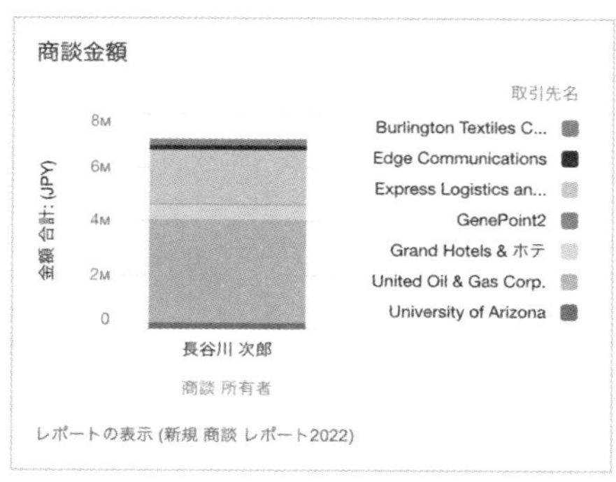


**画面5　折れ線グラフ**

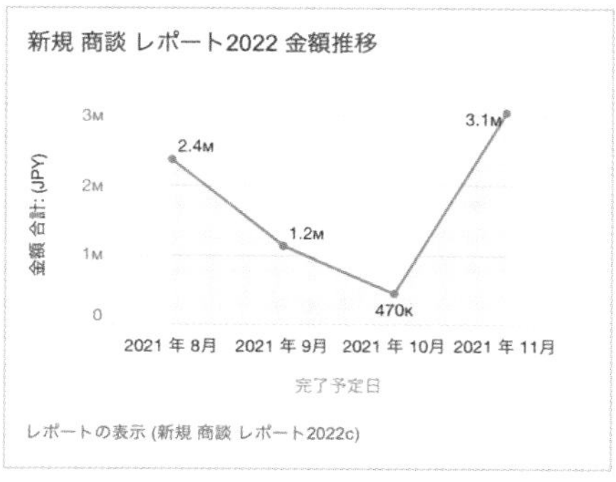

**画面6　ドーナツグラフ**

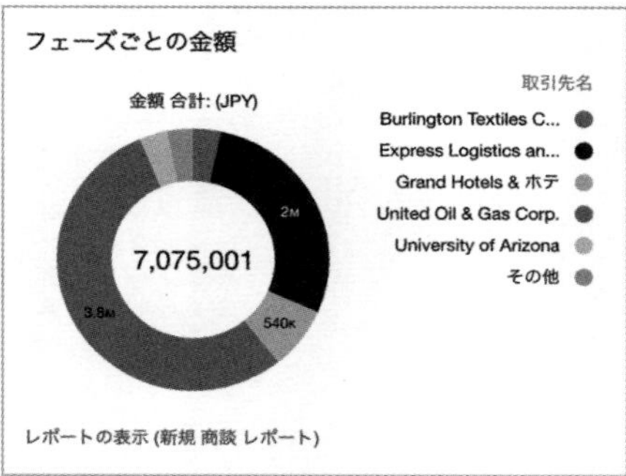


**画面7　総計値グラフ**

フェーズごとの金額

JPY 7,075,001

レポートの表示 (新規 商談 レポート)

**画面8　ゲージグラフ**

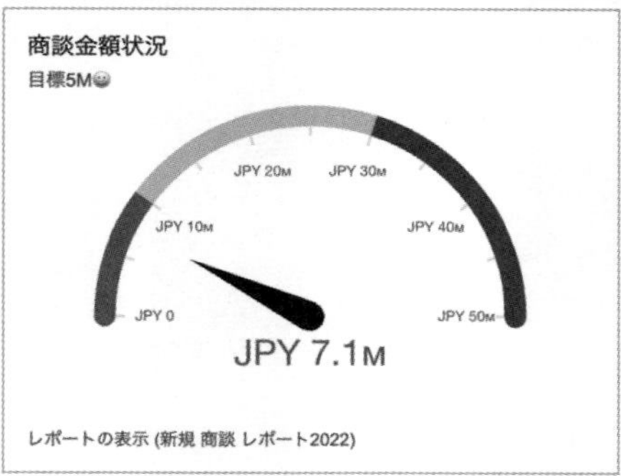

## 画面9 じょうごグラフ

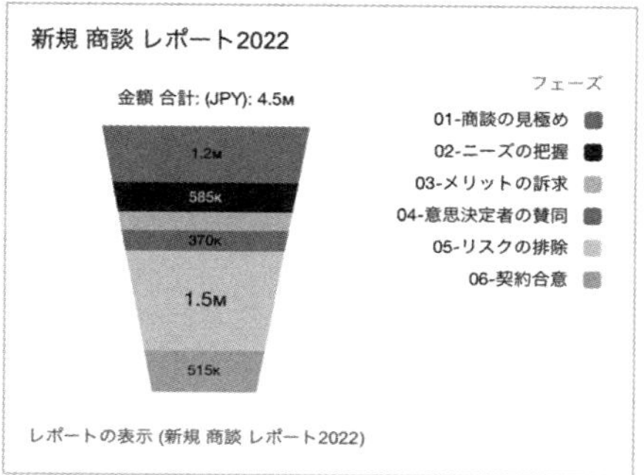


## 画面10 散布図

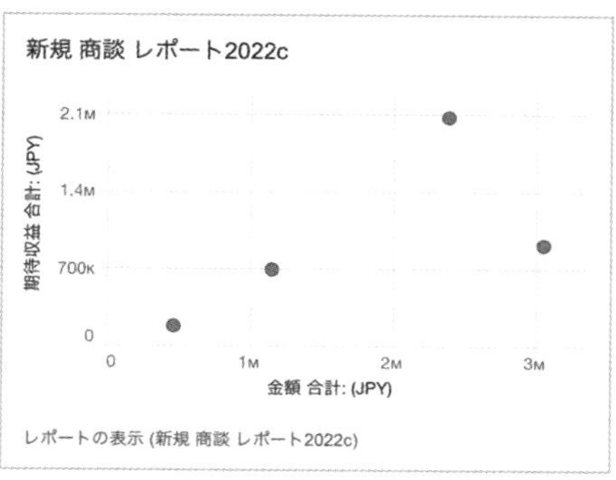


## 画面11 Lightningテーブル

新規 商談 レポート2022

| 商談名 ↑ | 会計... | 金額 | 期... | 確... |
|---|---|---|---|---|
| Burlington Textiles Weaving Plant Generator | 2021 年度 | JPY | JPY | 60% |
| Edge Emergency Generator | 2021 年度 | JPY | JPY | 80% |
| Edge Installation | 2021 年度 | JPY | JPY | 90% |
| Edge SLA | 2021 年度 | JPY | JPY | 100% |

レポートの表示 (新規 商談 レポート2022)

# 9-2

# コンポーネントの作成

ダッシュボードで配置できるコンポーネントの説明をします。

## 新規ダッシュボード作成

**コンポーネント**は「部品」という意味で、配置したグラフをコンポーネントと呼びます。ダッシュボードのコンポーネントを作成する際には、レポートが1つ以上必要になりますので、確認しておきましょう。

また、コンポーネントを作成する前に、**ダッシュボード**を新規で作成する必要があります。[ダッシュボード] タブをクリックすると、ダッシュボード一覧画面が表示されるので、[新規ダッシュボード] ボタンをクリックします（**画面1**）。

**画面1　[ダッシュボード] タブをクリック**

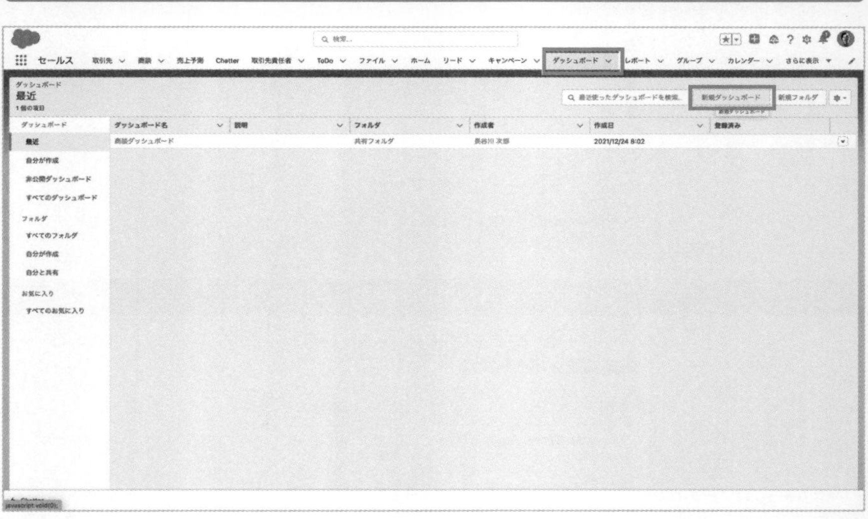


[新規ダッシュボード] 画面で、必須項目の [名前] 欄と [フォルダ] 欄に入力します（**画面2**）。[フォルダ] にも共有設定があるので、共有したいユーザに共有されているかを事前に確認しておきましょう。[説明] 欄は必須項目ではないので、特に入

力の必要はありませんが、入力しておくとダッシュボード一覧で説明の項目が確認できるので、どんなダッシュボードかを説明で判断できる利点があります。

画面2　新規ダッシュボード

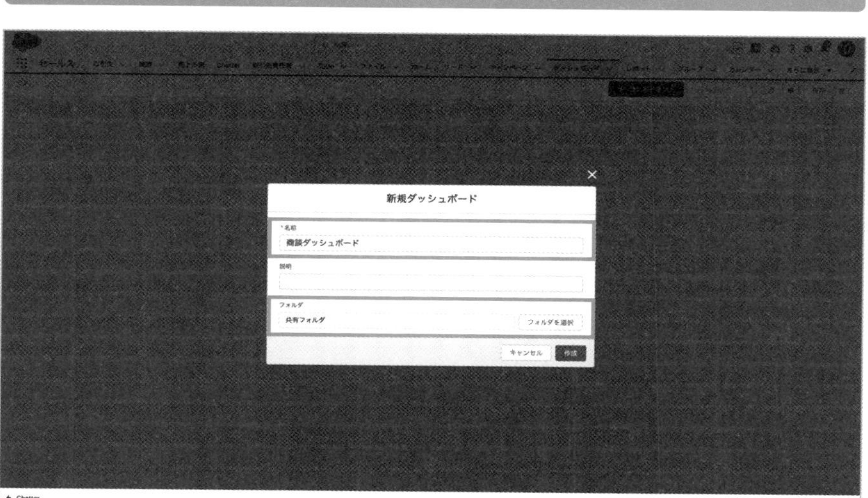


## コンポーネントの作成

コンポーネント作成の準備が整いましたので、[+ コンポーネント] ボタンをクリックします（**画面3**）。

画面3　コンポーネント作成画面

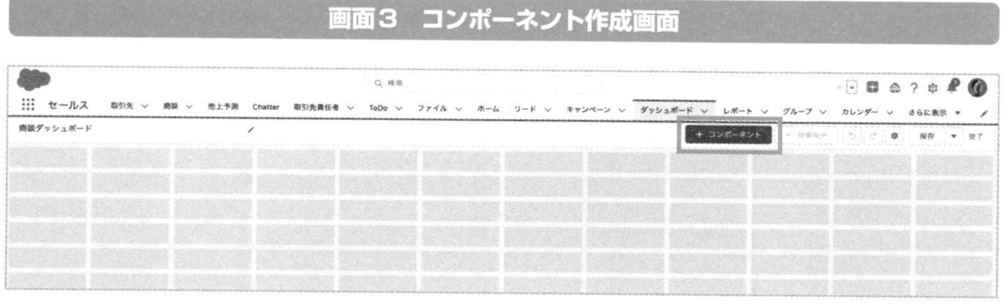


[レポートを選択] 画面が表示されるので、グラフを作成したいレポートを選択します（**画面4**）。

第9章　ダッシュボードの作成

**画面4 レポートを選択**

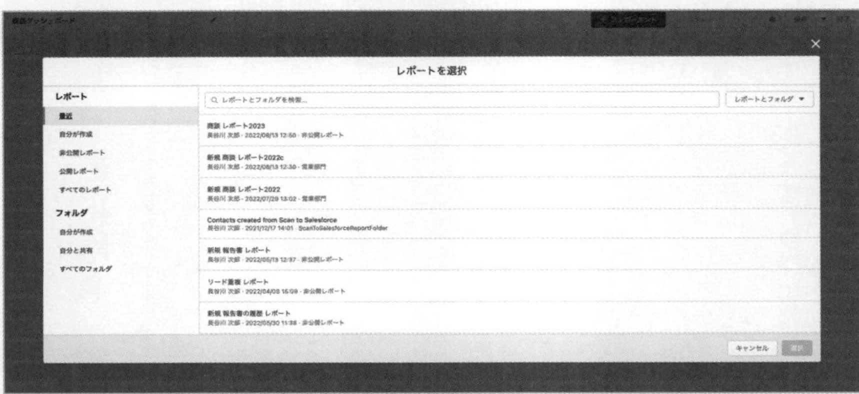


次に［コンポーネントの追加］画面が表示されるので、11種類の［表示グラフ］から、配置したいグラフを選択し、X軸、Y軸に何を表示するのかを設定して、［追加］ボタンをクリックします（**画面5**）。

**画面5 コンポーネントの追加**

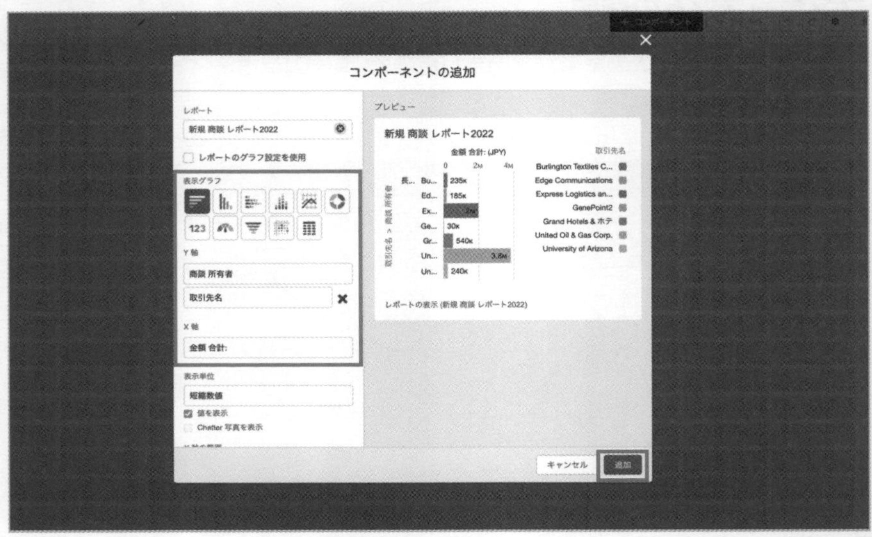

　ここまでの手順でダッシュボードにコンポーネントが1つ追加されました（**画面6**）。この作業を繰り返し、コンポーネントを複数配置していきます。コンポーネントは、1つのダッシュボードに最大で20個配置ができます。複数のコンポーネントを作成した場合に、コンポーネントの配置を変更したい時はコンポーネントをドラッグ＆ドロップすれば、配置を変更できます。

**画面6　コンポーネント配置画面**

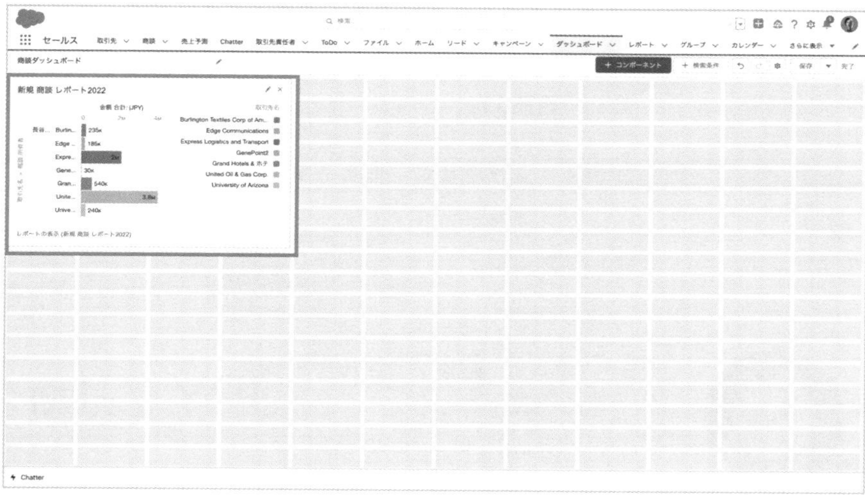

# 9-3

# ダッシュボードプロパティの設定

ダッシュボードプロパティで設定できる内容を説明します。

## ダッシュボードプロパティの場所

**ダッシュボードプロパティ**でダッシュボードの名前の変更やフォルダの変更、配色の変更ができます。これらの情報は、ダッシュボードの作成後に変更できます。

ダッシュボードプロパティは、ダッシュボード編集画面から［歯車］アイコンをクリックすると、表示されます（**画面1**）。

**画面1　ダッシュボード画面**

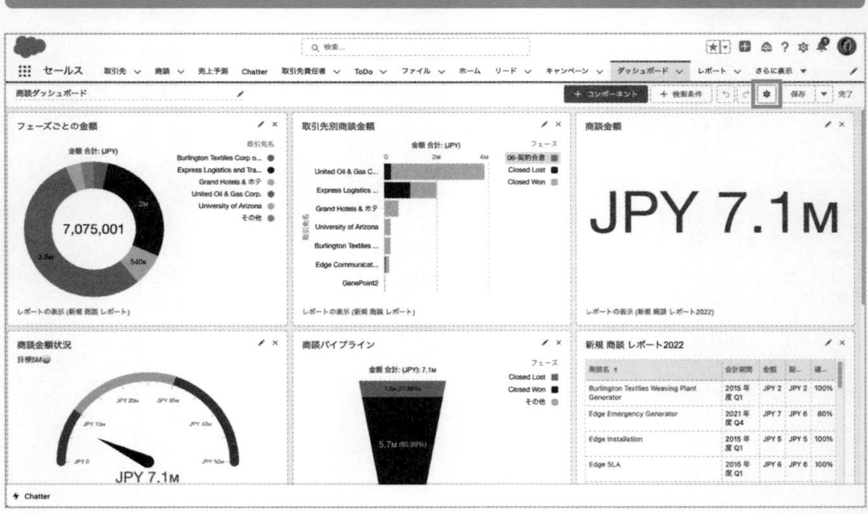


［プロパティ］画面で、［名前］欄、［説明］欄、［フォルダ］欄をそれぞれ変更できます（**画面2**）。

**画面2 ダッシュボードプロパティ**

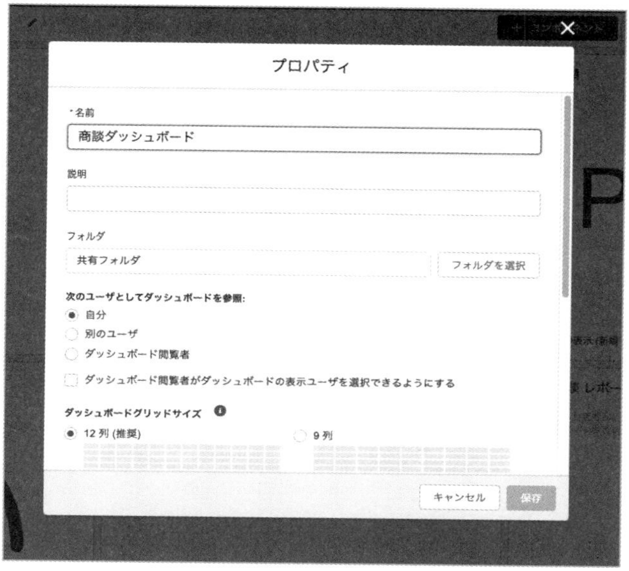

また、その他の変更できる部分を次に説明します。

## 次のユーザとしてダッシュボードを参照

[次のユーザとしてダッシュボードを参照] には、[自分] [別のユーザ] [ダッシュボード閲覧者] の3つがあり、アクセス権による表示の仕方を変更することができます。

### ●自分

設定したユーザのデータアクセス権に基づきますので、別のユーザがデータにアクセス権がない場合はデータが表示ができません。

### ●別のユーザ

指定したユーザのデータアクセス権に基づき、データが表示されます。

### ●ダッシュボード閲覧者

ダッシュボード閲覧者自身のデータアクセス権によってデータが表示されます。閲覧者によってデータ表示が変わるので、動的ダッシュボード*と呼ばれます。

## ダッシュボードグリットサイズ

ダッシュボードの列の数は、[プロパティ] 画面の [ダッシュボードグリットサイズ] で変更できます（**画面3**）。[12列] と [9列] があり、12列の方がより柔軟にグラフの大きさや配置を変更することができます。

画面3　プロパティ（ダッシュボードグリットサイズ）

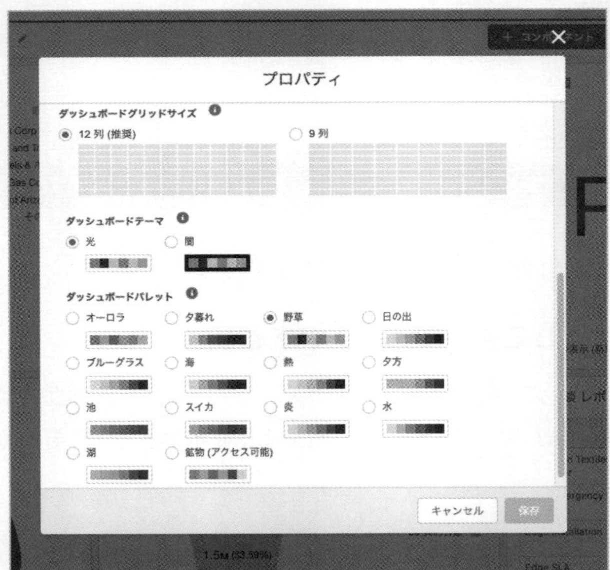


## ダッシュボードテーマとダッシュボードパレット

**画面3**の [プロパティ] 画面の [ダッシュボードテーマ] で、グラフの背景を変更することができます（**画面4**）。デフォルトは [光] になっていますが、[闇] を選択すると、ダッシュボードに配置されているグラフの背景が紺色に変更になります。

***動的ダッシュボード**　動的ダッシュボードは、Editionによって制限がある。

**画面4　ダッシュボードテーマを闇に変更**

また、**画面3**の［プロパティ］画面の［ダッシュボードパレット］では、ダッシュボードのグラフの色も変更ができます（**画面5**）。

**画面5　ダッシュボードパレットをスイカに変更**

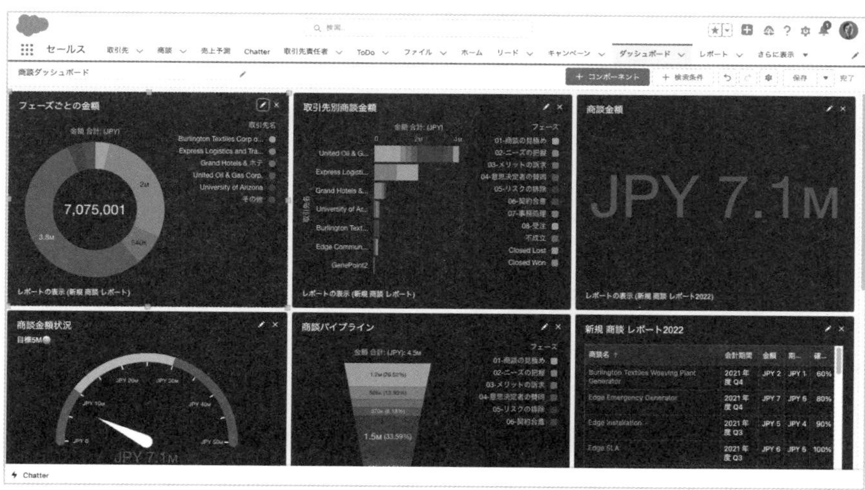

# 9-4

# 検索条件の設定

ダッシュボードで使用できる検索条件について説明します。

## 検索条件の追加

ダッシュボードで**検索条件**を付与し、検索条件を切り替えることで、条件に合致したグラフに表示が切り替わります。ダッシュボードでデータを深掘りしたい時に便利です。検索条件の追加は、まずダッシュボードの編集画面から［＋検索条件］ボタンをクリックします（**画面1**）。

**画面1　ダッシュボード編集画面**

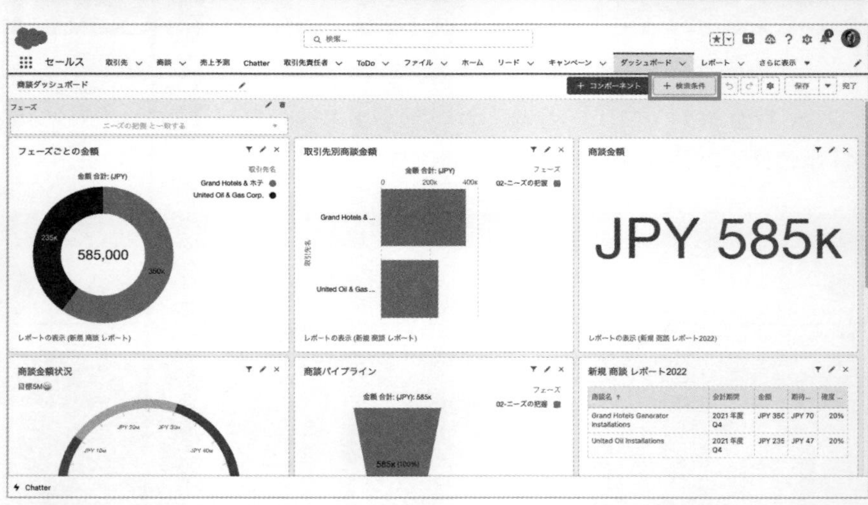


［検索条件を追加］画面が表示されたら、［項目］欄で、どの項目を検索条件にしたいかを選択します（**画面2**）。項目は、検索もできます。

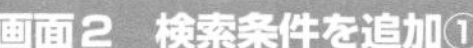
画面2　検索条件を追加①

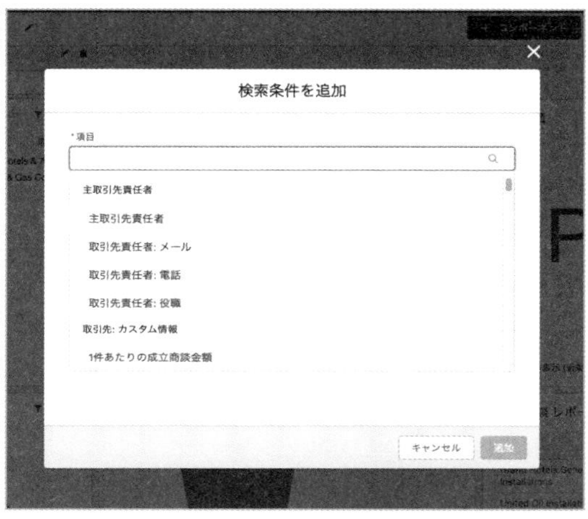


次の**画面3**では、[項目] 欄を選択した後、検索条件の [表示名] 欄に入力しています。[表示名] 欄は項目の選択時に、[項目] 欄の名前が自動的に入力されますが、[項目] 欄と別の名前にしたい場合は、[表示名] を編集することもできます。画面3では、「フェーズ」を選択しています。

画面3　検索条件を追加②

さらに［新規検索条件値］をクリックし、条件にしたい選択リストの値を選択して［適用］ボタンをクリックします（**画面4**）。ほかの検索条件値も同様に、複数作成していきます。画面4では、フェーズに対して8つの検索条件値を追加しました。

**画面4　検索条件値を追加③**

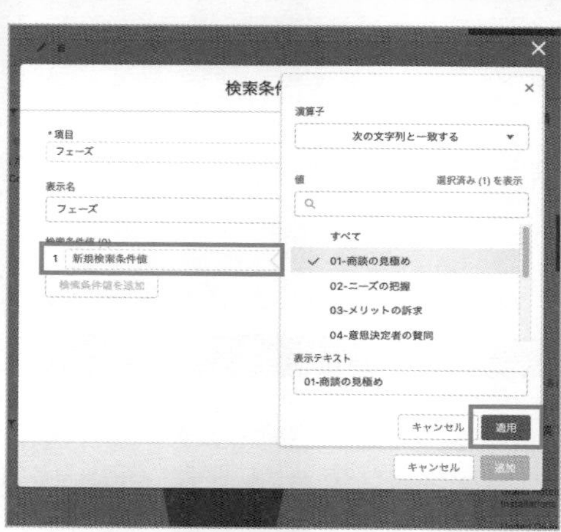


検索条件値を追加したら［追加］ボタンをクリックします（**画面5**）。

**画面5　検索条件値を追加後の画面**

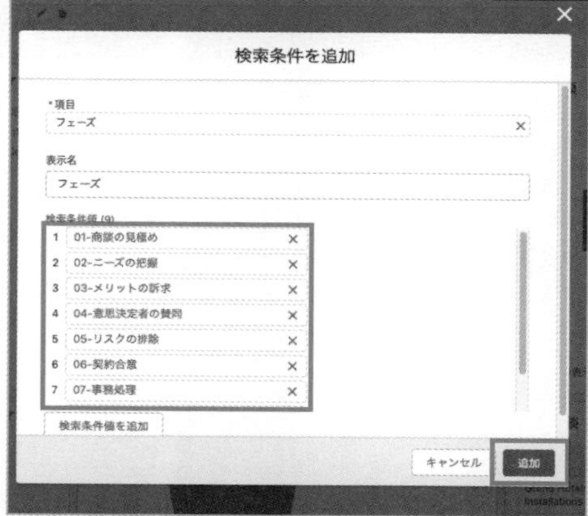

設定が完了すると、ダッシュボードに設定した検索条件が表示され、検索条件を切り替えると、条件に応じたグラフが表示されるようになります（**画面6**）。

**画面6　ダッシュボードに検索条件を配置**

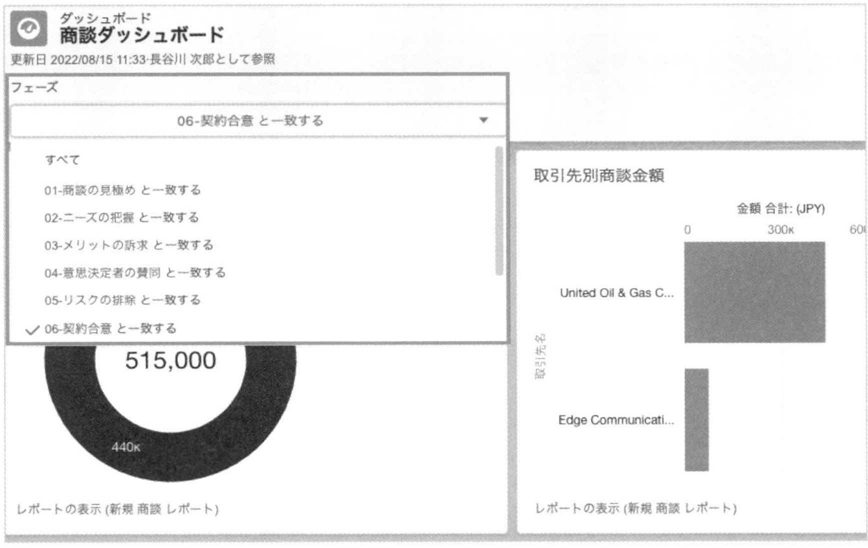

## COLUMN 現場へのヒアリング①

あなたが社内でシステム管理者の場合、現場でヒアリングできる体制を整えておきましょう。現場へのヒアリングがないまま、Salesforceを導入してしまうと、ユーザ（メンバー）が疎外感を感じることがあるためです。

ユーザがそれぞれ参加意識を持ち、組織全体でSalesforceを作り上げていくことが望ましいです。そのため、ユーザには「なぜSalesforceを導入するのか」と「どんな効果があるのか」をしっかりと伝えておきましょう。

導入の目的が明確に伝わっていないと、ユーザがSalesforceに情報を入力してくれなくなり、Salesforceの価値が伝わらないままプロジェクトが終了してしまうこともあります。そのため、システム管理者は、ユーザの日々の入力が無駄にならず、ユーザに行動を促すようなレポートやダッシュボードを用意する必要があります。

# 第10章

# カスタムオブジェクトの作成

標準オブジェクトとは別に、データベーステーブルであるオブジェクトを新規に作成できます。この章では、オブジェクト作成方法を説明します。

# 10-1

# カスタムオブジェクトの作成

用途に合わせ自由に作成できるカスタムオブジェクトの作成方法を説明します。

## カスタムオブジェクトの新規作成

Salesforceでは、標準オブジェクト以外のオブジェクトを自由に作成できます。それが**カスタムオブジェクト**です。これまでオブジェクトのことをデータベーステーブルだと説明してきましたが、さらに簡単に説明すると、「データを入れる箱」になります。そのため、入力する項目が必要になります。事前にどのような項目が必要かをまとめておき、作成する項目が決まったら、カスタムオブジェクトを作成していきます。

まず画面右上の［歯車］アイコンから［設定］に進み、画面内の［作成］ボタンを選択した後、表示される一覧から［カスタムオブジェクト］を選択します（**画面1**）。

**画面1　設定画面**

［新規カスタムオブジェクト］画面が表示されたら、必須項目である［表示ラベル］欄、［オブジェクト名］欄、［レコード名］名、［データ型］欄をそれぞれ下記のように入力します（**画面2**）。必須項目の入力が完了したら、画面の上にある［保存］ボタンを

クリックすると、カスタムオブジェクトが作成できます。

### ①表示ラベル

Salesforce上で表示される名前です。

### ②オブジェクト名

数式などで参照する際に使用する名前で、英数字のみの入力になります。

### ③レコード名

文字通り、レコードの名前になります。**画面2**では、レコード名の右側に「例:取引先名」と記されています。標準オブジェクトの取引先を例としていますが、これは取引先名がレコード名になり、会社名を入力することを意味します。

### ④データ型

「テキスト」と「自動採番」の2つのタイプがあります。「テキスト」は、レコード名に文字を入力します。一方、「自動採番」は自動で番号が振られ、レコード名を入力する必要がなくなります。オブジェクトのデータの内容によって切り替えてください。

画面2　新規カスタムオブジェクト

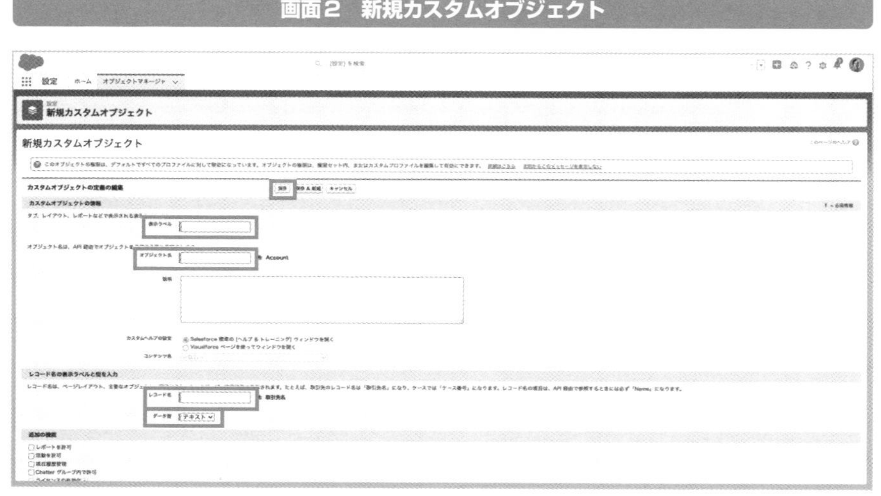

なお、カスタムオブジェクトを作成する際、やっておくと良い設定があります。画面2を下にスクロールすると、[オブジェクト作成オプション（カスタムオブジェクトが最初に作成されるときにのみ利用可能）] があります（**画面3**）。

ここで、[カスタムオブジェクトの保存後、新規カスタムタブウィザードを起動するにチェック] を入れておくことをお勧めします。このチェックを入れていないと、タブが作成されずにカスタムオブジェクトのみ作成されます。一見するとタブがないため、カスタムオブジェクトが存在しないように見えてしまいます。ですので、カスタムオブジェクト作成時に同時にタブも作成しておくと効率的です。

**画面3　オブジェクト作成オプション**

オブジェクト作成オプション（カスタムオブジェクトが最初に作成されるときにのみ利用可能）

☐ デフォルトのページレイアウトに、メモと添付ファイルを追加する

☑ カスタムオブジェクトの保存後、新規カスタムタブウィザードを起動する

保存　保存 & 新規　キャンセル

[カスタムオブジェクトの保存後、新規カスタムタブウィザードを起動するにチェック] を入れて、[保存] ボタンをクリックすると、[タブ] 画面が表示されます（**画面4**）。[タブスタイル] 欄の入力項目か、[虫眼鏡] アイコンをクリックします。

**画面4　タブ（新規カスタムタブ）**

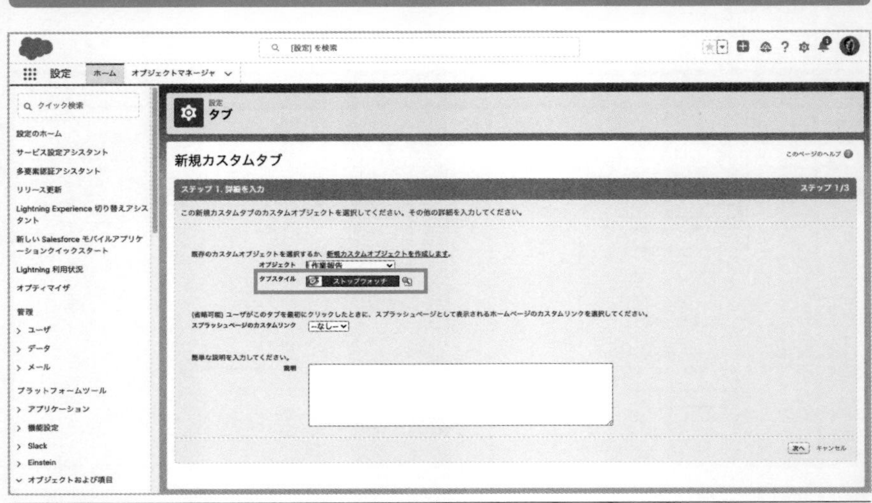

［タブスタイルの選択］画面が表示されますので、任意のスタイルを選択してください（**画面5**）。

**画面5　タブスタイルの選択**

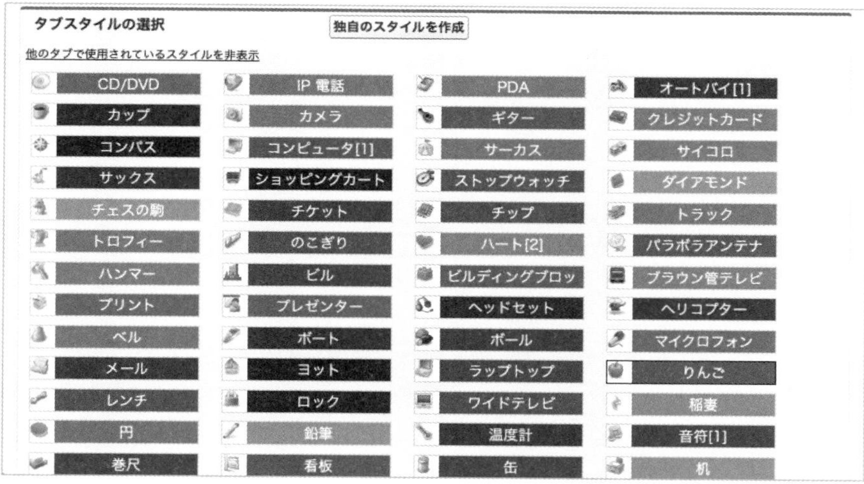

タブスタイルの選択　　独自のスタイルを作成

他のタブで使用されているスタイルを非表示

| | | | |
|---|---|---|---|
| CD/DVD | IP 電話 | PDA | オートバイ[1] |
| カップ | カメラ | ギター | クレジットカード |
| コンパス | コンピュータ[1] | サーカス | サイコロ |
| サックス | ショッピングカート | ストップウォッチ | ダイアモンド |
| チェスの駒 | チケット | チップ | トラック |
| トロフィー | のこぎり | ハート[2] | パラボラアンテナ |
| ハンマー | ビル | ビルディングブロッ | ブラウン管テレビ |
| プリント | プレゼンター | ヘッドセット | ヘリコプター |
| ベル | ボート | ボール | マイクロフォン |
| メール | ヨット | ラップトップ | りんご |
| レンチ | ロック | ワイドテレビ | 稲妻 |
| 円 | 鉛筆 | 温度計 | 音符[1] |
| 巻尺 | 看板 | 缶 | 机 |

タブスタイルを設定した後、プロファイルへの適用を確認する画面が表示されます（**画面6**）。プロファイルごとに表示/非表示を設定する場合は、［プロファイルごとに異なるタブ表示を適用する］にチェックを入れて、タブ表示列を設定してください。すべてのプロファイルにタブを見せる場合は、そのまま［次へ］ボタンをクリックします。

画面6　プロファイルに追加

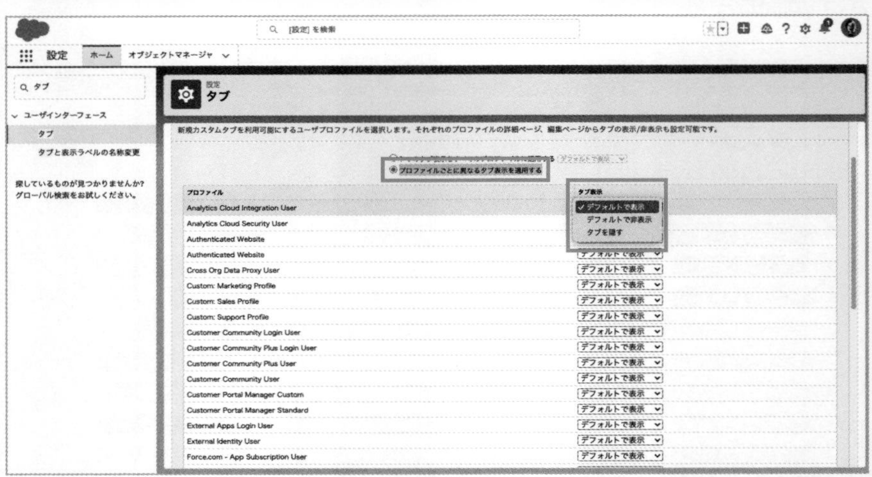


続いて［カスタムアプリケーションに追加］画面が表示されます（**画面7**）。タブを追加したいアプリケーションにチェックを入れて、［保存］ボタンをクリックしましょう。

画面7　カスタムアプリケーションに追加

これでカスタムオブジェクトの作成ができました。[オブジェクトマネージャ] に作成したカスタムオブジェクトが追加されているので確認してみましょう (**画面8**)。

**画面8 オブジェクトマネージャ**

次の**画面9**がオブジェクトの詳細画面になります。カスタムオブジェクトなので [カスタム] にチェックが入っています。また、カスタムオブジェクトの場合、[API 参照名] では「__c」が自動で名前の最後につけられます。

**画面9 オブジェクト詳細画面**

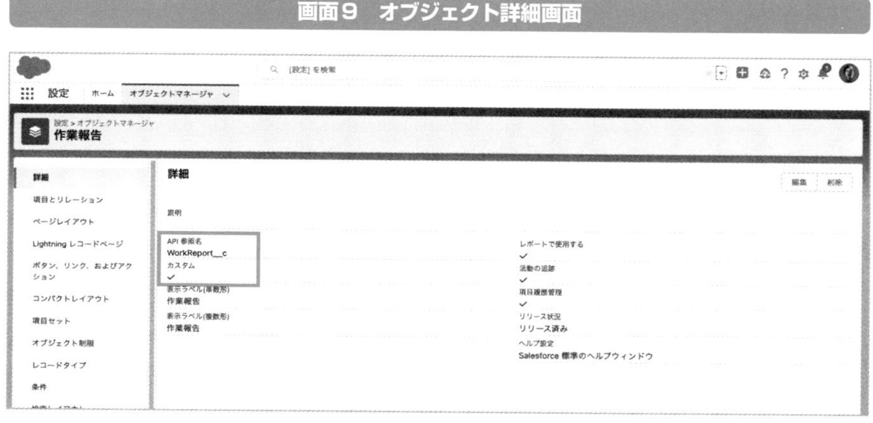

# 10-2 カスタム項目の作成

カスタムオブジェクト作成後、必要な入力項目であるカスタム項目を作成していきます。

## カスタム項目の新規作成

**カスタム項目**を作成するには、まず［オブジェクトマネージャ］から作成したカスタムオブジェクトの表示ラベルをクリックし、［項目とリレーション］をクリックします（**画面1**）。

画面1　項目とリレーション

項目とリレーションの画面が表示されたら、［新規］ボタンをクリックすると、［カスタム項目の新規作成］画面が表示されます（**画面2**）。カスタム項目を作成する際には、［データ型］を選択する必要があります。データ型一覧が表示されていて、データ型の名前の右側に説明が表示されていますので、項目によってデータ型を設定します。

**画面2 カスタム項目の新規作成**

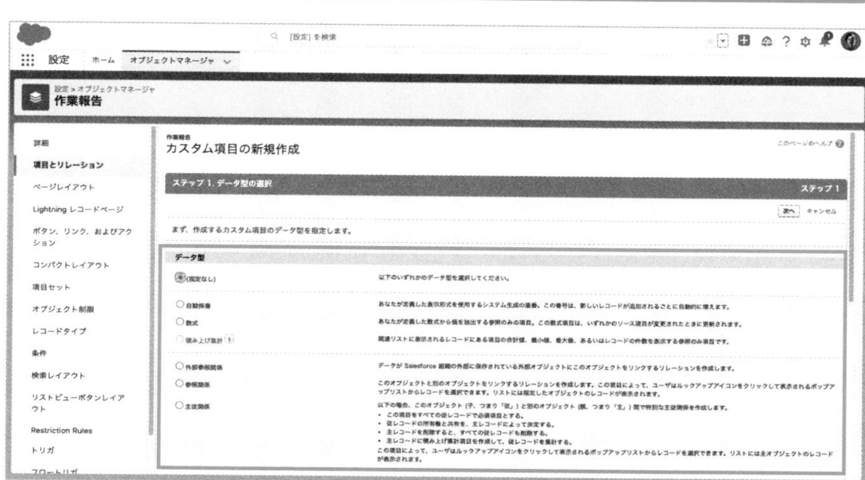


例えば、日付の項目があるとします。データ型は、**日付**を選択します。テキスト型でも日付を入力ができますが、レポートで集計する際に日付という概念がなくなってしまうため、テキスト型で作成してしまった日付の項目は、集計期間として扱えなくなります。会計年度や前年、本年といった集計期間でレポートを集計するためにも日付の項目のデータ型は、日付にしましょう。

そのほかに代表的なデータ型として、金額などの項目には**通貨**、数量などには**数値**を選択します。数字に関するデータ型は、数値や通貨を選択していないと、将来的に作成した項目で数式を作る際にエラーになってしまいます。

また、選択リストや複数選択リストは、入力の効率化とテキスト型に比べて想定外の入力がないので、レポートで集計する際にも効率的です（**画面3**）。

## 画面3 カスタム項目：データ型の選択

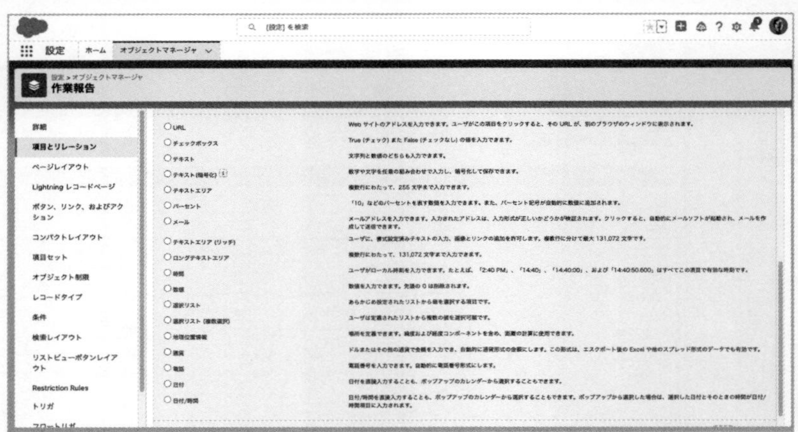


データ型を選択したら、次に［項目の表示ラベル］欄と［項目名］欄を設定していきます（**画面4**）。［項目名］欄には、数式などで項目を呼び出す時に使用する名前*を入力します。名前だけでどんな項目なのかわかるようにしておくと、数式を作成するために項目を呼び出す際、スムーズに作成できます。

## 画面4 カスタム項目：詳細を入力

設定 ホーム オブジェクトマネージャ
設定 > オブジェクトマネージャ
作業報告

詳細
項目とリレーション
ページレイアウト
Lightning レコードページ
ボタン、リンク、およびアクション
コンパクトレイアウト
項目セット
オブジェクト制限
レコードタイプ
条件
検索レイアウト
リストビューボタンレイアウト
Restriction Rules
トリガ

ステップ 2. 詳細を入力 ステップ 2/4
前へ 次へ キャンセル
項目の表示ラベル 作業日
項目名 WarkingDay
説明
ヘルプテキスト
必須項目 値の入力を必須にする
カスタムレポートタイプに自動追加 このエンティティが含まれる既存のカスタムレポートタイプにこの項目を追加
デフォルト値 数式エディタの表示
前へ 次へ キャンセル

---

＊**使用する名前** 英数字で入力する必要がある。

次に［項目レベルセキュリティの設定］で作成した項目のアクセス権を設定します（**画面5**）。プロファイル名の右側に［参照可能］と［参照のみ］があるので、必要に応じて下記のようにチェックを入れます。

### ①参照可能

閲覧と参照が可能です。

### ②参照のみ

閲覧可能で編集不可です。

### ③いずれもチェックがない場合

参照不可です。

**画面5　項目レベルセキュリティの設定**

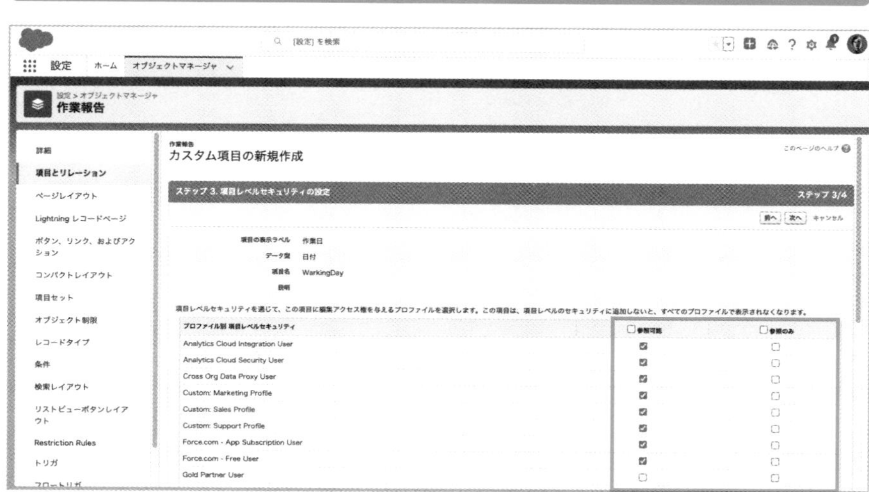


プロファイルごとの項目レベルセキュリティの設定をしたら［次へ］ボタンをクリックし、作成した項目を表示させたいページレイアウトを選択します（**画面6**）。

画面6 カスタム項目：ページレイアウトへの追加

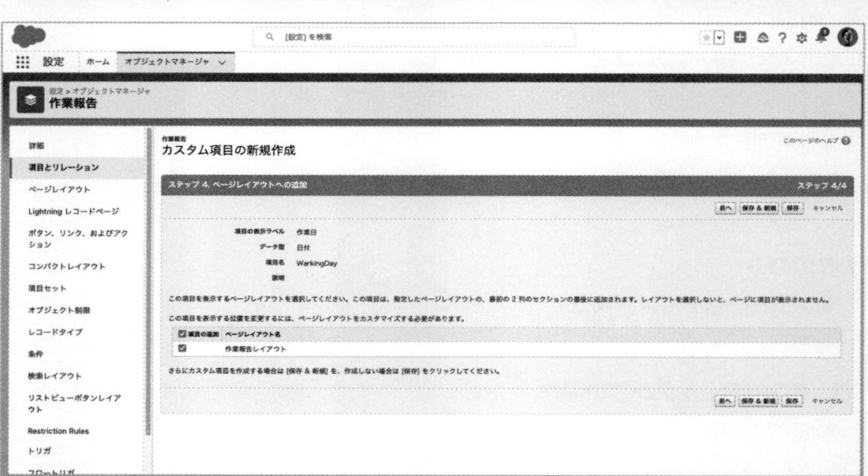


ページレイアウトは、カスタムオブジェクト作成時、デフォルトで１つ用意されています。将来的にページレイアウトを増やした時など、複数のページレイアウトが表示されるので、表示させたいページレイアウトを選択すると、選択したページレイアウトに作成したカスタム項目が表示されます。

最後に［保存］ボタンをクリックすると、カスタム項目が１つ完成します。これを繰り返し、カスタム項目を増やしていきます。

# 10-3

# ページレイアウトの作成

カスタム項目を配置するページレイアウトの作成方法を説明します。

## ページレイアウトの新規作成

カスタムオブジェクト作成時は、1つの**ページレイアウト**が作成されていますが、それ以外に新規でページレイアウトを作成する際には、[オブジェクトマネージャ]で、ページレイアウトを作成したいオブジェクトを選択して、[ページレイアウト] をクリックします。ページレイアウト一覧の画面が表示されたら、新規作成の場合は[新規] ボタンをクリックします(**画面1**)。

**画面1　ページレイアウト**

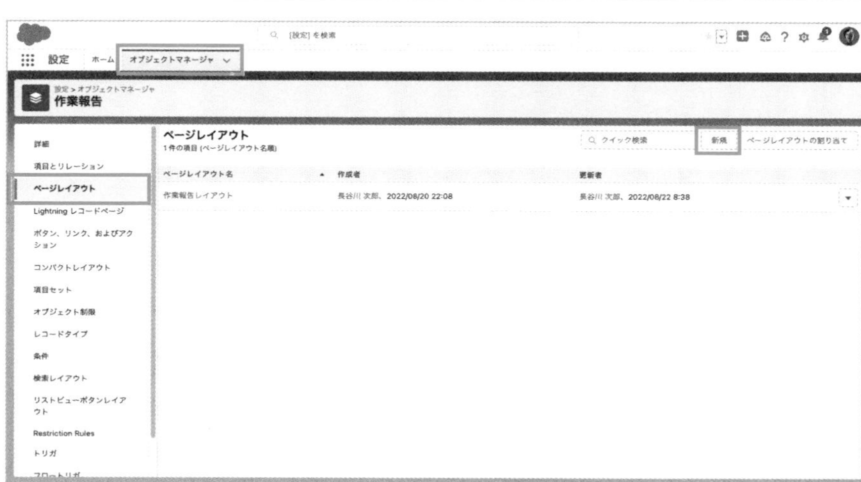


[新規ページレイアウトの作成] 画面が表示されたら、[ページレイアウト名] 欄に名前を入力し、[保存] ボタンをクリックします(**画面2**)。また、[既存のページレイアウト] 欄は、既存のページレイアウトをコピーして、新規に作成する方法です。最初から作成するよりも、既存のページレイアウトからコピーして作成する方が効率的に作成できます。

**画面2 新規ページレイアウトの作成**

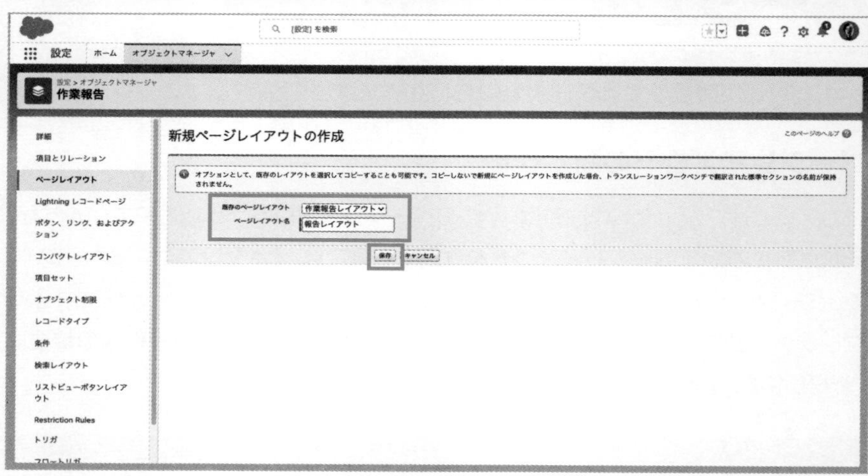

次に［報告レイアウト］の編集画面が表示されます（**画面3**）。この画面でページレイアウトの表示や配置の設定をします。

**画面3 ページレイアウト編集**

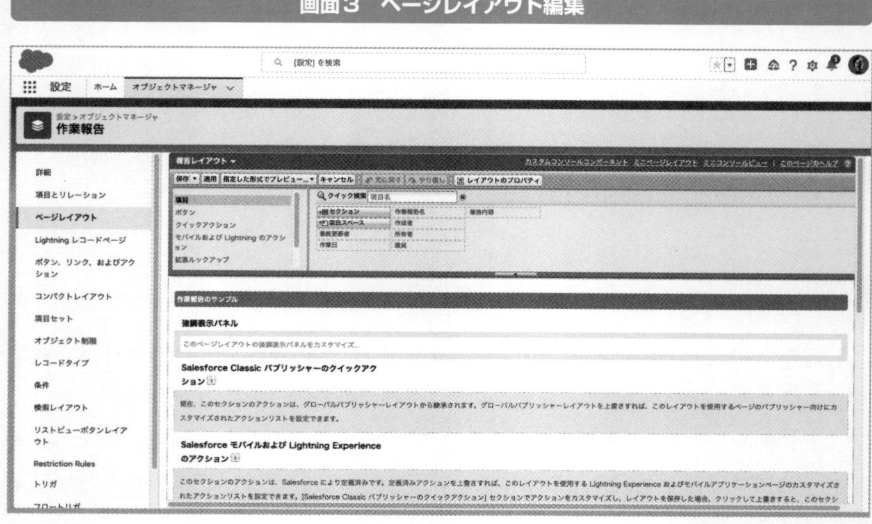

［報告レイアウト］の編集画面を下にスクロールすると、項目の配置を変更する部分が表示されます（**画面4**）。ページレイアウト上に配置されている項目は、クリックすると水色に色が変化しますので、ドラッグ＆ドロップで配置を別の場所に変更が可能です。まだ配置されていない項目に関しては、画面の上部の項目の一覧のところにあります。すでに配置されているものは項目名のテキストの色が薄くなります。配置されていない項目も同様にドラッグ＆ドロップで配置できます。

**画面4　ページレイアウト編集**

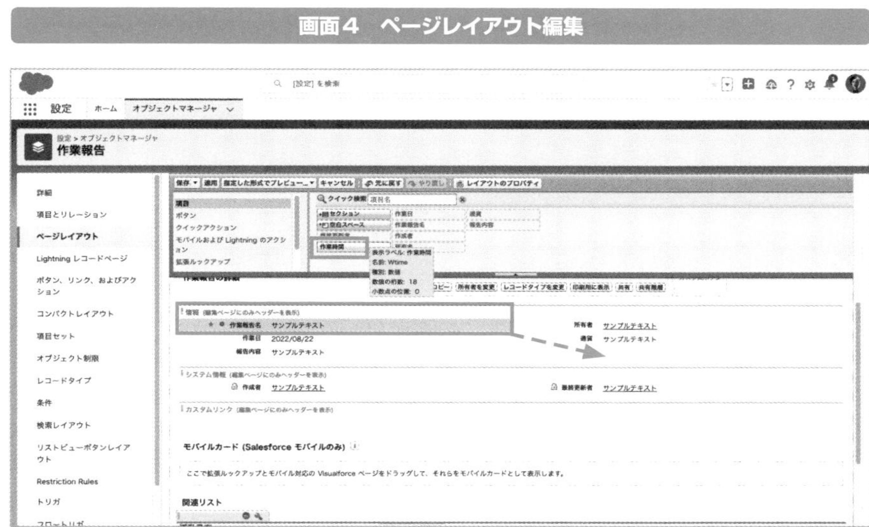


## 関連リストの設定

**関連リスト**の設定もページレイアウトで設定が可能です。主従関係や参照関係のリレーション設定によって、子のオブジェクトを関連リストに表示できます。ページレイアウト編集画面の［関連リスト］をクリックすると、関連リストの設定が可能になります（**画面5**）。配置したい関連リストがあれば、項目をページレイアウトに配置するのと同じようにドラッグ＆ドロップで配置できます。

画面5　ページレイアウト編集

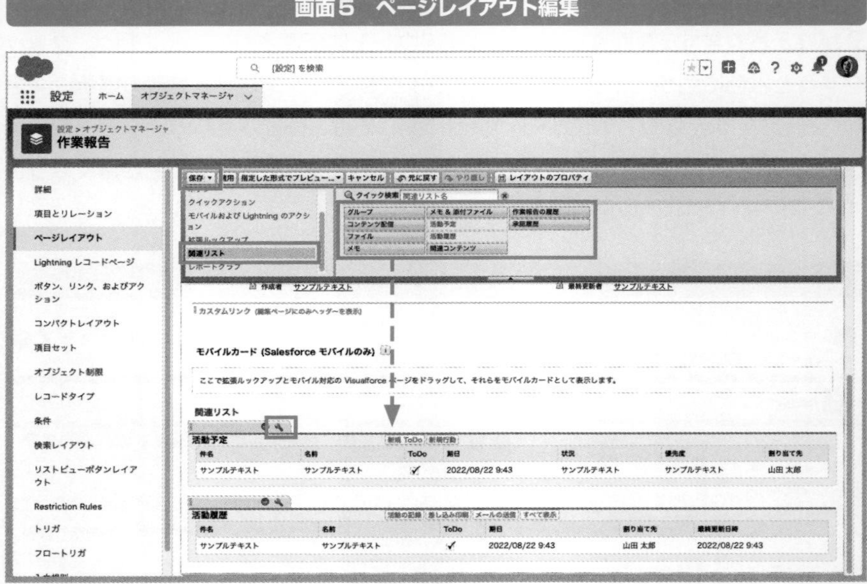


関連リストの項目の表示は、**画面5**内の［関連リストのプロパティ］（工具のスパナのアイコン）をクリックすると変更が可能です。設定が完了したら、画面内の［保存］ボタンをクリックすると、ページレイアウトの設定は終了になります。

# 10-4

# レコードタイプの作成

レコードを分類することができるレコードタイプについて説明します。

## レコードタイプの新規作成

**レコードタイプ**はデータを分類でき、標準オブジェクト、カスタムオブジェクトどちらも作成できます。レコードタイプの作成は、まず［オブジェクトマネージャ］の［レコードタイプ］をクリックします（**画面1**）。

画面1　レコードタイプ作成

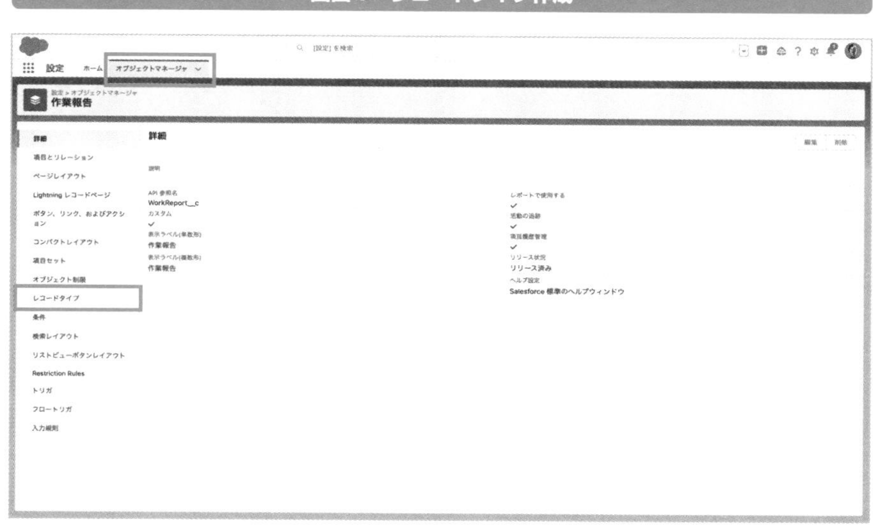


**画面2**の［既存のレコードタイプからコピーする］欄では、既存のレコードタイプをコピー元として、新規レコードタイプを作成ができます。既存のレコードタイプをコピーしない場合は、「マスタ」を選択したままで構いません。続いて［レコードタイプの表示ラベル］欄と［レコードタイプ名］欄に入力します。

**画面2 詳細を入力**

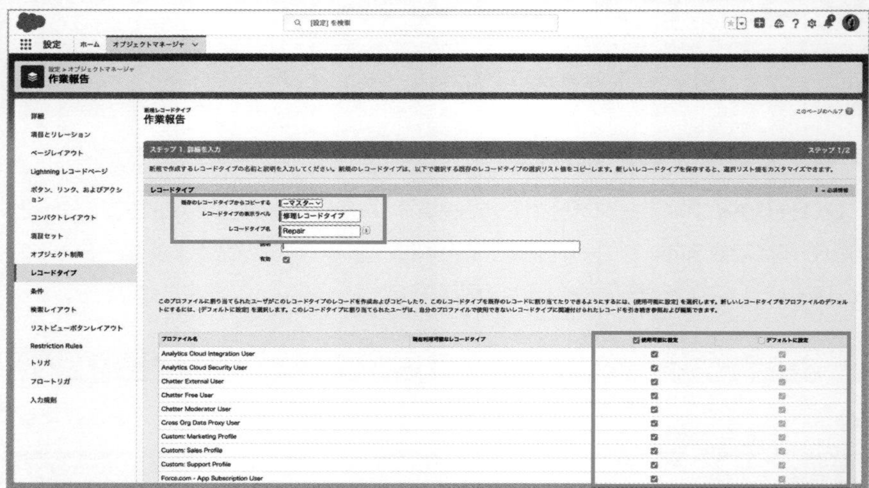


プロファイルの設定も画面2で可能です。画面下の使用させたいプロファイルに[使用可能に設定]のチェックを入れます。複数のレコードタイプが存在する場合は[デフォルトに設定]にチェックをすると、デフォルトのレコードタイプになります。ここまでの設定ができたら、[次へ]ボタンをクリックします。

**画面3**では、ページレイアウトの割り当てを行います。[1つのレイアウトをすべてのプロファイルに適用する]にチェックを入れると、すべてのプロファイルで1つのページレイアウトを設定します。また、[プロファイルごとに異なるレイアウトを適用する]にチェックを入れると、プロファイルごとにページレイアウトを設定が可能です。

画面3　ページレイアウトを割り当て

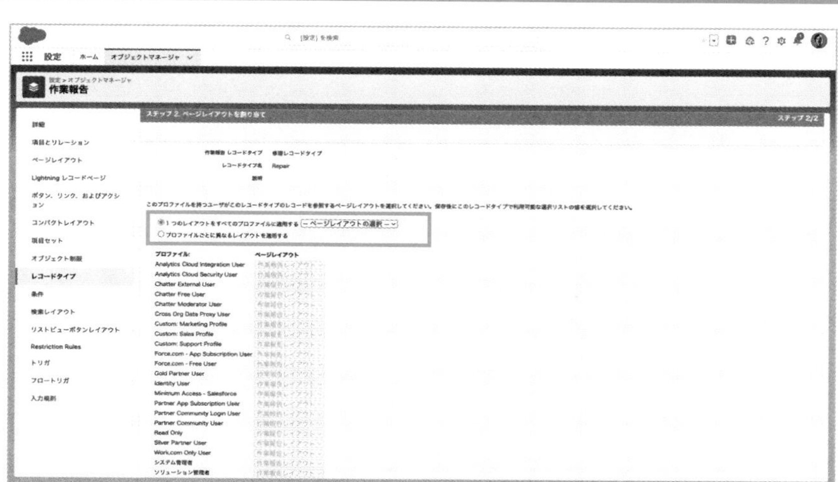

## レコードタイプのページレイアウトの割り当て

作成したレコードタイプにページレイアウトを割り当てる設定をします。まず、[オブジェクトマネージャ] の [レコードタイプ] をクリックし、[ページレイアウトの割り当て] ボタンをクリックします (**画面4**)。

画面4　レコードタイプのページレイアウト割り当て

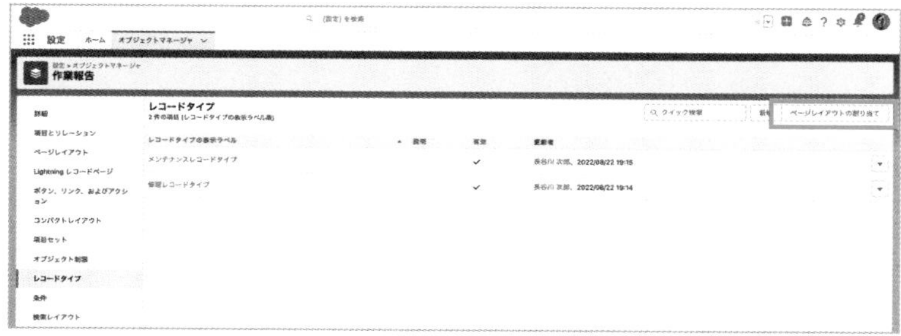

**画面5**が表示されたら、[割り当ての編集] ボタンをクリックして、割り当てるページレイアウトを編集します。

画面5　レイアウトの割り当て

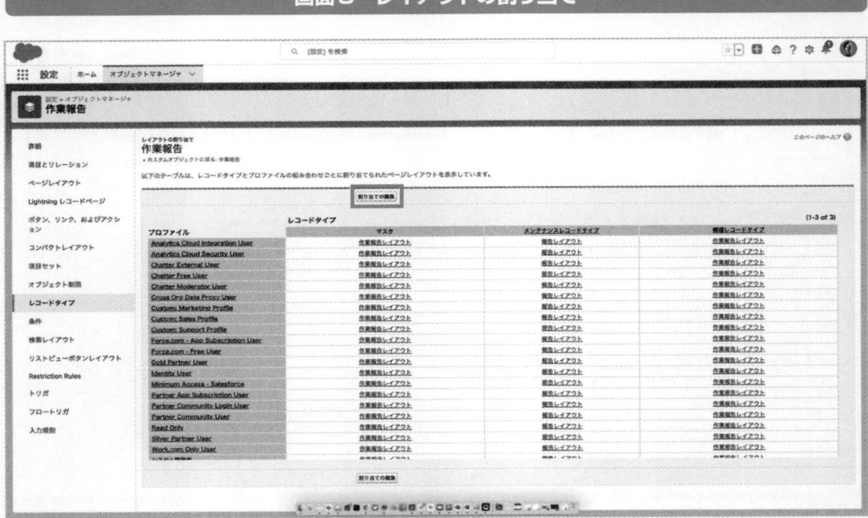


## レコードタイプを作成する基準

　レコードタイプとページレイアウトは1対1の関係にあり、別のレコードタイプで割り当てられているページレイアウトも使用可能です。基本的にレコードタイプを作成する基準として、1つのオブジェクトでページレイアウトを複数設定したい時にレコードタイプを作成します。つまりレコードタイプによって入力項目を変えたい時です（**図1**）。

図1　レコードタイプとページレイアウトの関係

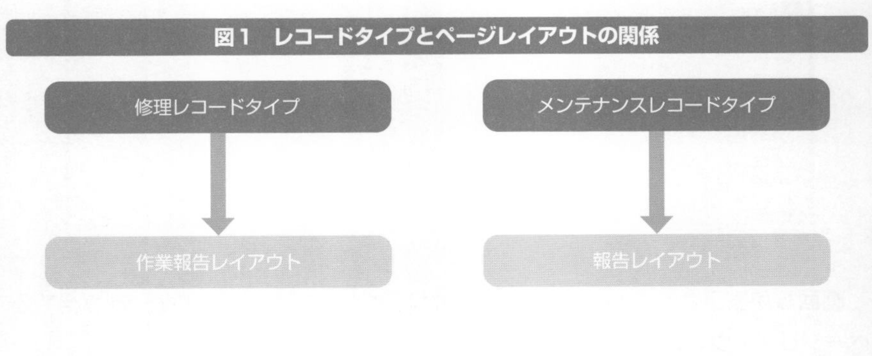

# 10-5

# ボタンの配置

ページレイアウト上にボタンを配置する方法を説明します。

## ボタン、リンク、アクションの配置

ページレイアウトに**ボタン**、**リンク**、または**アクション**を配置する場合は、まず[オブジェクトマネージャ]の[ボタン、リンク、およびアクション]をクリックします(**画面1**)。

**画面1　オブジェクトマネージャ**

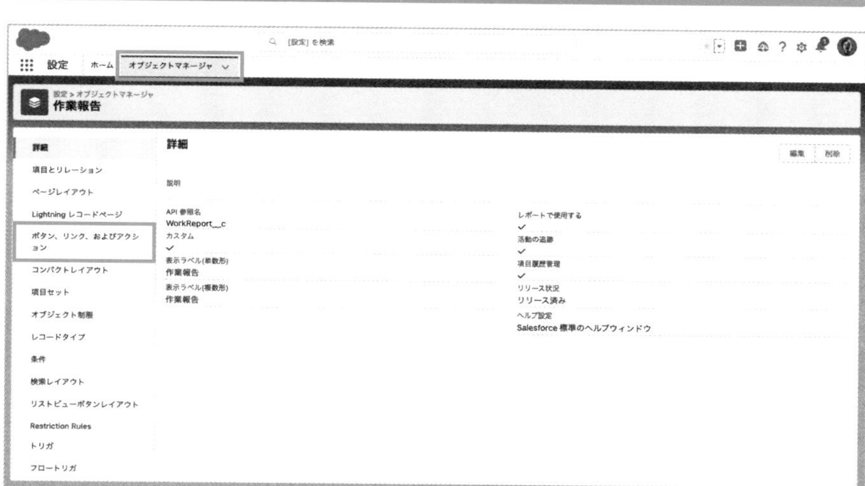


[ボタン、リンク、およびアクション]画面に一覧が表示されます(**画面2**)。画面右上の[新規アクション]ボタン、[新規ボタンまたはリンク]ボタンをクリックして、ボタンなどを作成します。

画面2　ボタン、リンク、およびアクション一覧

## 新規アクションの作成

**画面2**で［新規アクション］ボタンをクリックすると、［新規アクション］画面が表示されます（**画面3**）。アクション種別］欄、［表示ラベル］欄、［名前］欄などを設定して［保存］ボタンをクリックします。

画面3　新規アクション画面

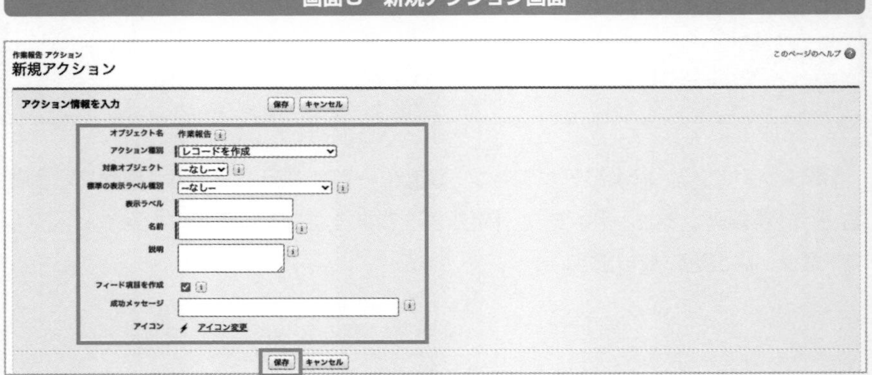

ちなみに、[アクション種別] 欄をクリックすると、**画面4**のような選択肢が表示されます。

**画面4　アクションの種別**

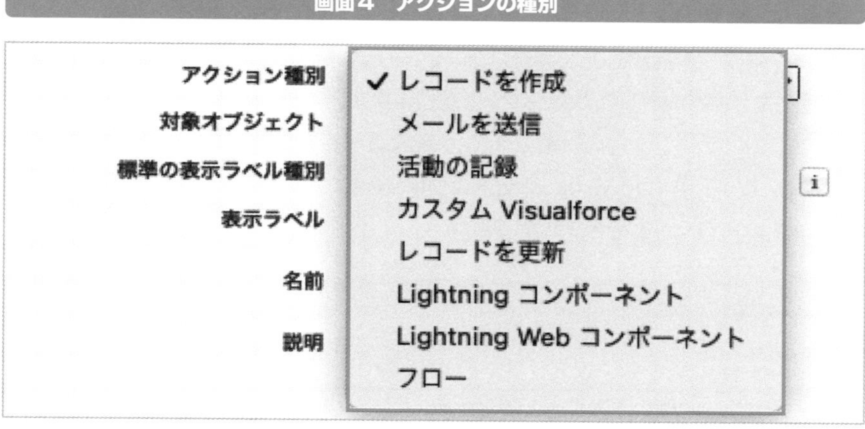


例えば、[レコードを作成] を選択すると、レイアウトの変更が設定できます（**画面5**）。

**画面5　アクション種別：レコード作成のレイアウト編集**

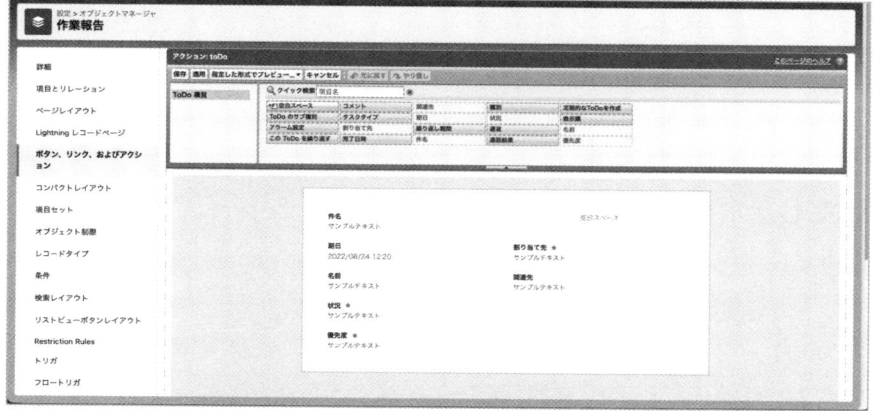

## 新規ボタンまたはリンクの作成

**画面2**で［新規ボタンまたはリンク］ボタンをクリックすると、［新規ボタンまたはリンク］画面が表示されます（**画面6**）。［表示ラベル］欄、［名前］欄を入力し、［表示の種類］欄ではレコード詳細ページにリンクを設置したい場合は［詳細ページにリンク］、ボタンを設置したい場合は［詳細ページボタン］、リストビュー*のボタンを設置したい場合は［リストボタン］を選択します。

また、［コンテンツソース］欄は、リンクを設置する場合は［URL］、JavaScriptを呼び出す時は［On Click JavaScript］、Visualforce*を呼び出す時は［Visualforceページ］を選択します。

**画面6 新規ボタンまたはリンク**

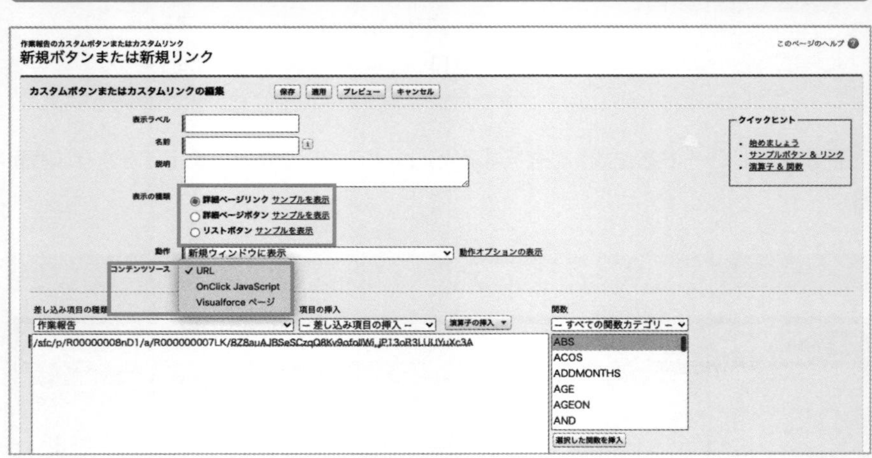


## 作成したボタン、リンク、アクションはページレイアウトに配置

ボタン、リンク、アクションは、作成したままだと使用ができません。ページレイアウトに配置して初めて使用できます。その際は、［オブジェクトマネージャ］の［ページレイアウト］で作成したボタン、リンク、アクションを配置したいページレイアウトを選択し、忘れずに配置しておくようにしましょう（**画面7**）。

---

*** リストビュー**　標準オブジェクト、カスタムオブジェクトで数あるレコードから、特定の条件で抽出したレコードの一覧を表示する機能。

*** Visualforce**　Salesforceのカスタムユーザインターフェースを開発するためのWeb開発フレームワーク。HTML、CSS、JavaScriptなどのコードを記述して進めていく。

**画面7 ページレイアウトでボタンを配置**

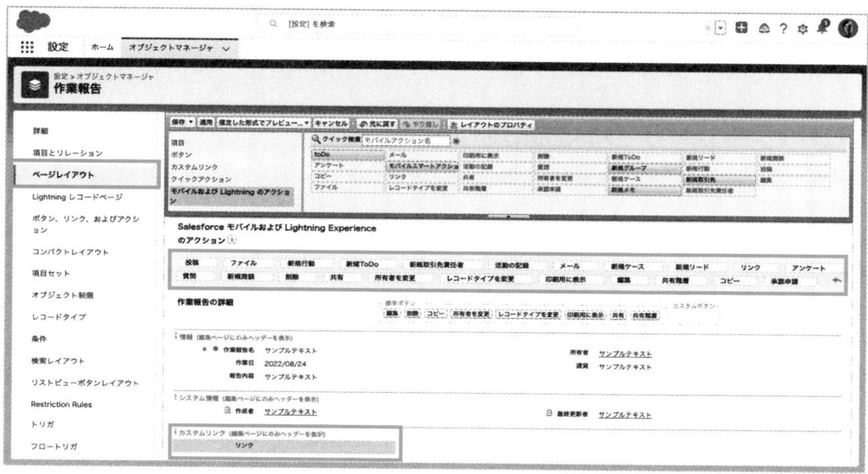

# 10-6

# コンパクトレイアウトの作成

レコード画面の上部に配置されるコンパクトレイアウトについて説明します。

## コンパクトレイアウトの新規作成

**コンパクトレイアウト**は、レコード画面の上部にある強調表示パネルで、ユーザに表示させる項目を設定します。コンパクトレイアウトで重要な項目を設定しておけば、画面をスクロールしなくても確認ができます。コンパクトレイアウトは、次の**画面1**のようになっています。

**画面1　コンパクトレイアウト①**

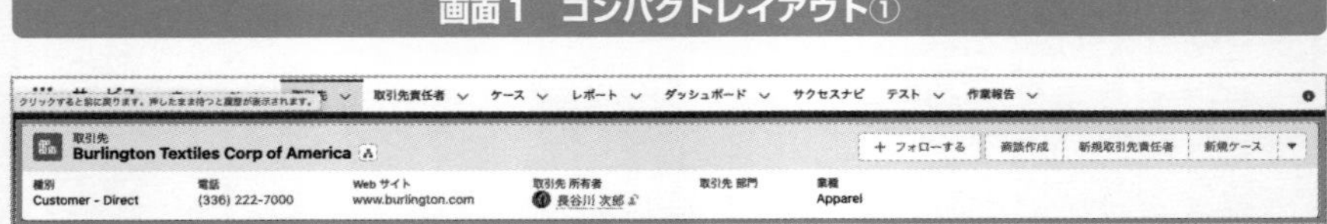


コンパクトレイアウトの作成は、まず［オブジェクトマネージャ］の［コンパクトレイアウト］を選択します。［コンパクトレイアウト］画面が表示されたら、［新規］ボタンをクリックし、コンパクトレイアウトを作成します（**画面2**）。

**画面2　コンパクトレイアウト②**

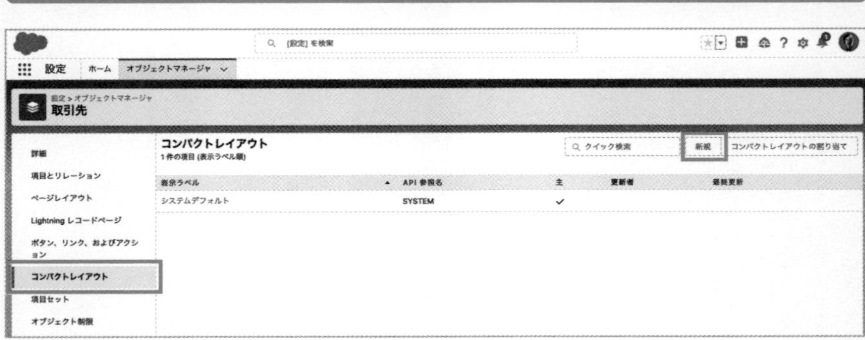

［新規コンパクトレイアウト］画面で、［選択可能な項目］欄から［選択済みの項目］欄に項目を［追加］ボタンをクリックして追加します（**画面3**）。選択済みの項目の1番上が「取引先名」（［Burlington Textiles Corp of America］）、2番目以降は2段目に表示になります。設定が終わったら［保存］ボタンをクリックします。

**画面3　新規コンパクトレイアウト**

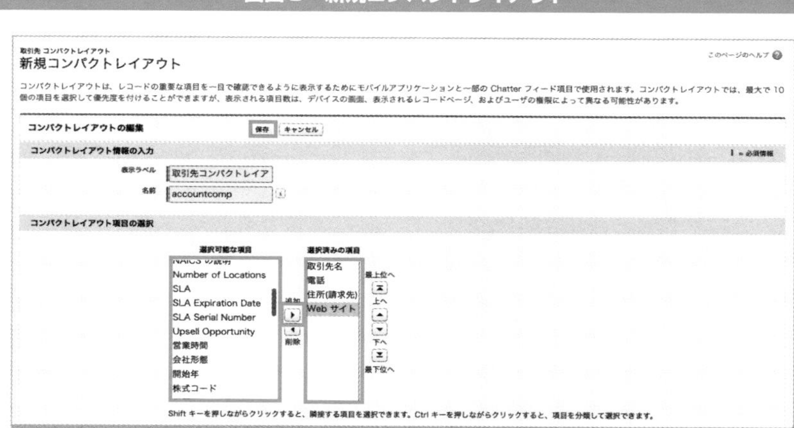


［取引先コンパクトレイアウト］画面が表示されたら、今度は［コンパクトレイアウトの割り当て］ボタンをクリックし、作成したコンパクトレイアウトを反映させていきます（**画面4**）。

**画面4　コンパクトレイアウトの詳細**

取引先 コンパクトレイアウト
取引先コンパクトレイアウト
« 取引先 コンパクトレイアウトに戻る
このページのヘルプ
コンパクトレイアウトの詳細
編集　コピー　削除　コンパクトレイアウトの割り当て
表示ラベル　取引先コンパクトレイアウト　オブジェクト名　取引先
API 参照名　accountcomp
含まれる項目　取引先名
電話
住所(請求先)
Web サイト
作成者　長谷川 次郎, 2022/08/24 14:54　更新者　長谷川 次郎, 2022/08/24 14:54
編集　コピー　削除　コンパクトレイアウトの割り当て

［コンパクトレイアウトの割り当て］画面で、［割り当ての編集］ボタンをクリックし、割り当ての編集をしていきます（**画面5**）。

**画面5　コンパクトレイアウトの割り当て**

取引先 コンパクトレイアウト
コンパクトレイアウトの割り当て
« 取引先 コンパクトレイアウトに戻る
このページのヘルプ

割り当ての編集

主コンパクトレイアウト

プライマリコンパクトレイアウトでは、このオブジェクトのレコードがモバイルアプリケーションのリストビュー項目として表示されたときに表示される項目を定義します。

主コンパクトレイアウト:　システムデフォルト

レコードタイプの上書き

このテーブルには、各種レコードタイプのコンパクトレイアウトの割り当てが表示されます。

| レコードタイプ | コンパクトレイアウト |
| --- | --- |
| 仕入先 | プライマリから継承（システムデフォルト） |
| 得意先 | プライマリから継承（システムデフォルト） |

割り当ての編集

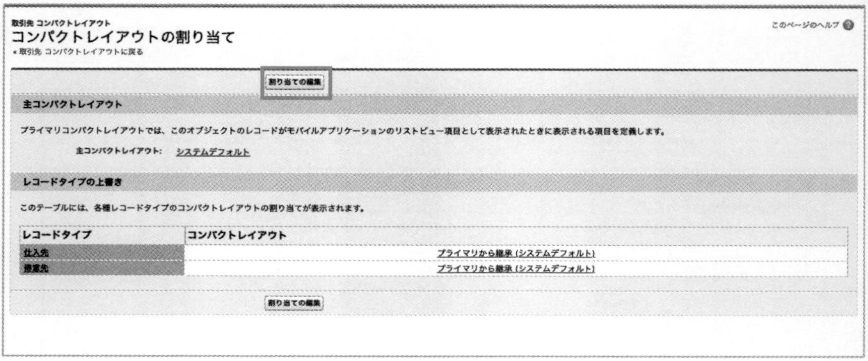

**画面6**のように［レコードタイプ］が複数ある場合、レコードタイプごと［コンパクトレイアウト］を編集が可能です。また、初めてコンパクトレイアウトを作成した時は、［システムデフォルト］のコンパクトレイアウトが割り当てられているので、作成したコンパクトレイアウトを割り当てる必要があります。設定が完了したら［保存］ボタンをクリックします。

**画面6　コンパクトレイアウトの割り当て編集**

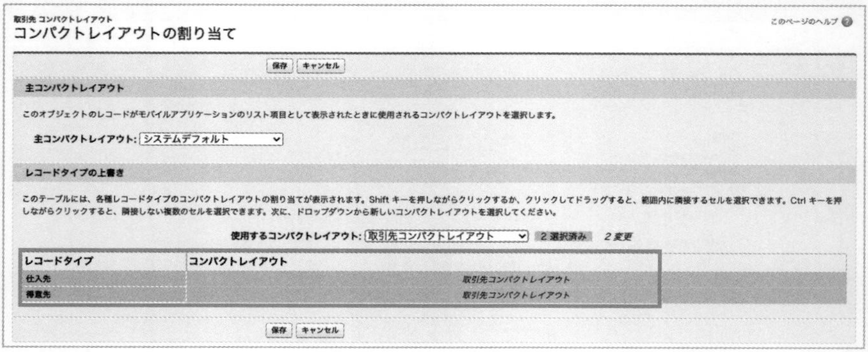

取引先 コンパクトレイアウト
コンパクトレイアウトの割り当て
このページのヘルプ

保存　キャンセル

主コンパクトレイアウト

このオブジェクトのレコードがモバイルアプリケーションのリスト項目として表示されたときに使用されるコンパクトレイアウトを選択します。

主コンパクトレイアウト: システムデフォルト

レコードタイプの上書き

このテーブルには、各種レコードタイプのコンパクトレイアウトの割り当てが表示されます。Shift キーを押しながらクリックするか、クリックしてドラッグすると、範囲内に隣接するセルを選択できます。Ctrl キーを押しながらクリックすると、隣接しない複数のセルを選択できます。次に、ドロップダウンから新しいコンパクトレイアウトを選択してください。

使用するコンパクトレイアウト: 取引先コンパクトレイアウト　2 選択済み　2 変更

| レコードタイプ | コンパクトレイアウト |
| --- | --- |
| 仕入先 | 取引先コンパクトレイアウト |
| 得意先 | 取引先コンパクトレイアウト |

保存　キャンセル

## 設定が完了したら実際の画面で確認

**画面3**の［新規コンパクトレイアウト］画面で設定した項目（取引先名、電話、住所（請求先）、Webサイト）通りになっているか、コンパクトレイアウトを確認します（**画面7**）。

**画面7　コンパクトレイアウトの設定を反映**

取引先
Burlington Textiles Corp of America
＋ フォローする　商談作成　新規取引先責任者　新規ケース
電話
(336) 222-7000
住所(請求先)
525 S. Lexington Ave
Burlington NC
27215 USA
Web サイト
www.burlington.com

確認したところ問題なく反映されていますので、設定完了です。

### 現場へのヒアリング②

現場のユーザ（メンバー）に「どのようなダッシュボードがあれば、行動につながるのか？」をヒアリングしてみるのもよいかもしれません。ダッシュボードには、行動を促す「結果」「進捗」「異常値」が含まれていることが重要で、ユーザがダッシュボードを見たときに、「何を感じて」「どう行動につなげるか」がとても重要です。

上司はユーザの活動をダッシュボードなどで確認ができますが、Salesforceはユーザを叱るためのツールではありません。ダッシュボードを使って、目標を達成しているユーザは大いに褒めて成功要因を多く共有してもらい、達成できなかったユーザについては、どうやったら短時間で目標達成できるかを考えたり、アドバイスなどのコミュニケーションとはかるとよいでしょう。

# 10-7

# リストビューの作成

特定の条件でレコードを抽出し、一覧にできるリストビューについて説明します。

## リストビューの変更

オブジェクト名のタブをクリックした時に表示されるレコードの一覧を**リストビュー**と呼びます。標準オブジェクトやカスタムオブジェクトの数あるレコードの中から、特定の条件で抽出したレコードの一覧を表示する機能です。

**画面1**の［すべての取引先］の右側の［▼］ボタンをクリックすると、別の条件のリストビューに変更できます。毎回、最初に表示しておきたいリストは、リスト名の横のピンのアイコンをクリックしておくと固定されます。

画面の右側にある［じょうご］アイコンをクリックすると、現在のリスト名の［検索条件］が表示されます。検索条件を追加する際には、［検索条件を追加］をクリックします。

画面1　取引先のリストビュー

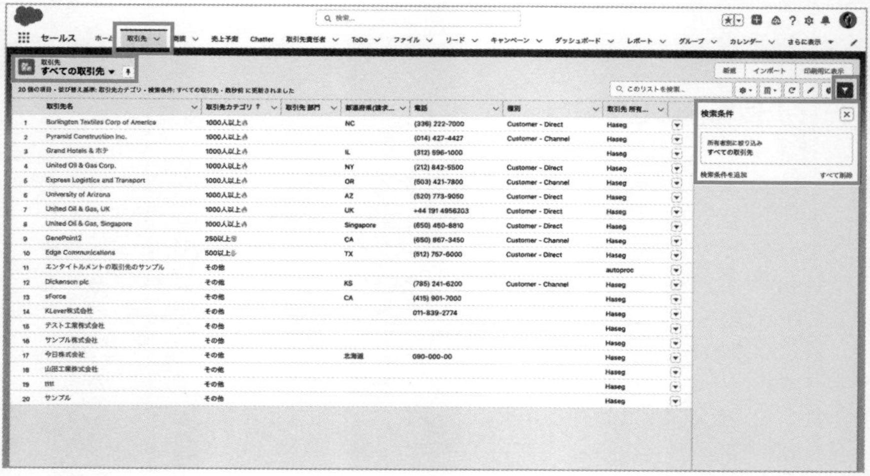

## リストビューの新規作成

　リストビューの作成は、リストビューの［歯車］アイコン（リストビューコントロール）のメニューから［新規］を選択します（**画面2**）。また、［コピー］は、既存のリストをコピーする機能になります。

**画面2　新規リストビューの作成**

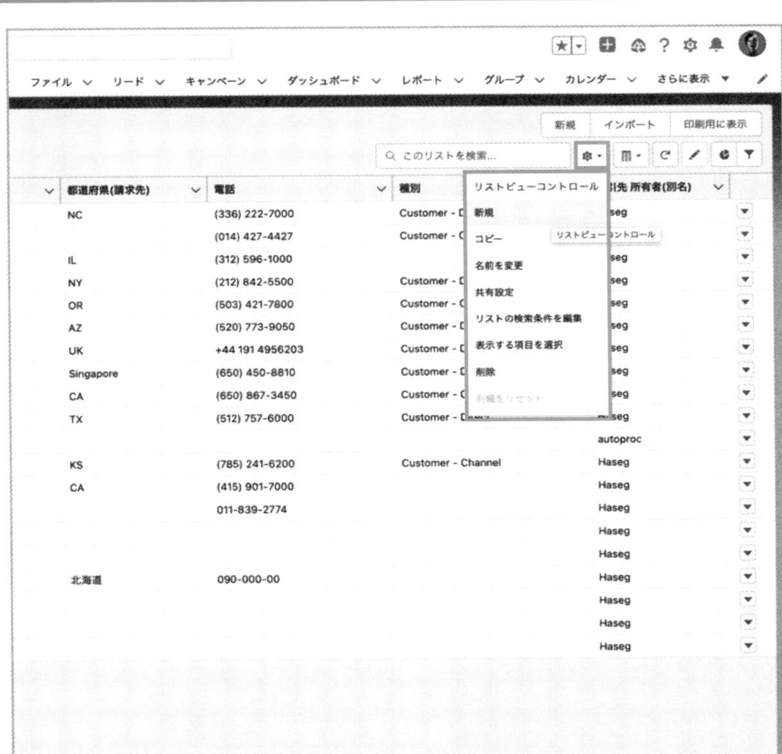


　［新規リストビュー］画面が表示されたら、［リスト名］欄と［リスト API 参照名］欄に入力します（**画面3**）。［誰がこのリストビューを表示しますか？］は、設定するリストの共有する範囲を設定します。今回は全員に表示させたいので、［すべてのユーザがこのリストビューを表示できる］を選択して、［保存］ボタンをクリックします。

**画面3 新規リストビュー**

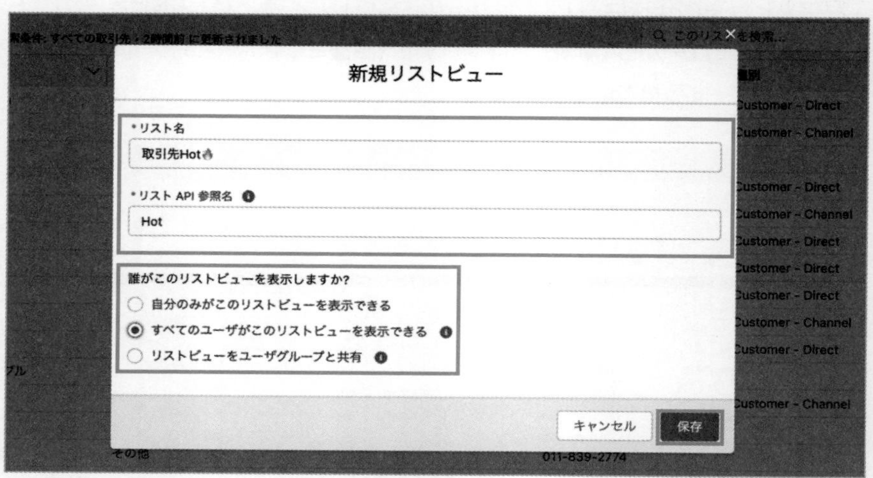


レコードの検索条件を設定するには、**画面2**の［歯車］アイコン（リストビューコントロール）の中から、［リストの検索条件を編集］を選択します。**画面4**で検索条件を設定できるようになるので、設定したら［完了］ボタンをクリックした後、さらに［保存］ボタンをクリックします。

**画面4 リストの検索条件を編集**

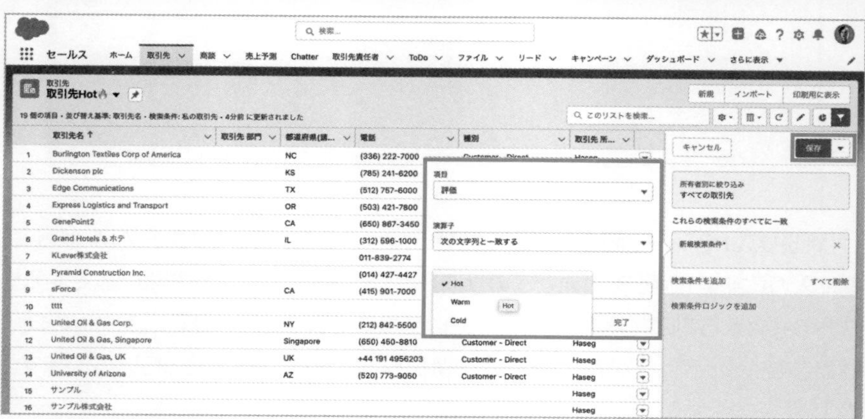

表示する項目の設定は、**画面2**で［表示する項目を選択］を選択すると、［表示する項目を選択］画面が表示されるので、項目を［選択可能な項目］から［参照可能項目］欄に移動させ、［保存］ボタンをクリックします（**画面5**）。

**画面5　表示する項目を選択**

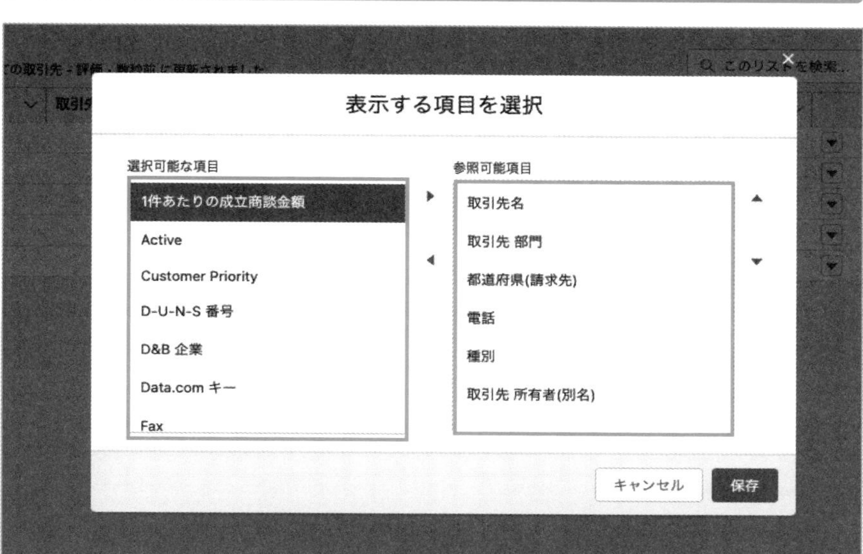


## リストビューの種類

リストビューには、3つの種類があります。切り替え方法は、リストビューの画面で表のような［表示名］アイコンをクリックすると、3種類（テーブル、Kanban、分割ビュー）から切り替えることができます（**画面6、画面7、画面8、画面9**）。

## 画面6 リストビューの切り替え

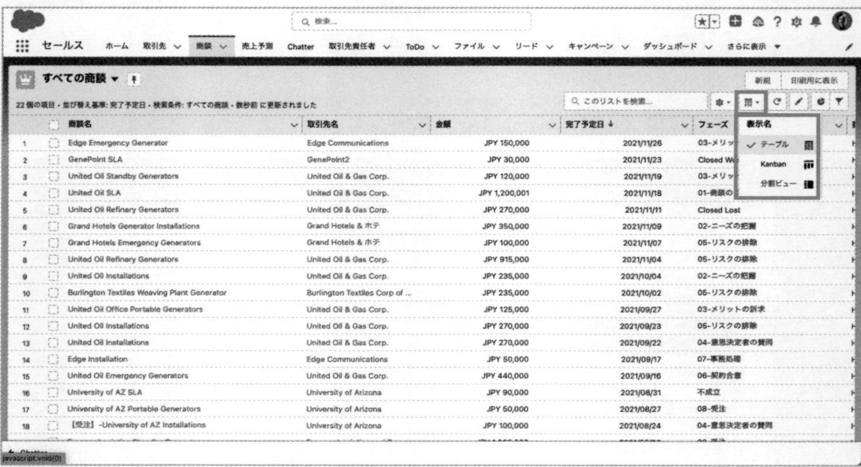


## 画面7 テーブル

**画面8 Kanban**

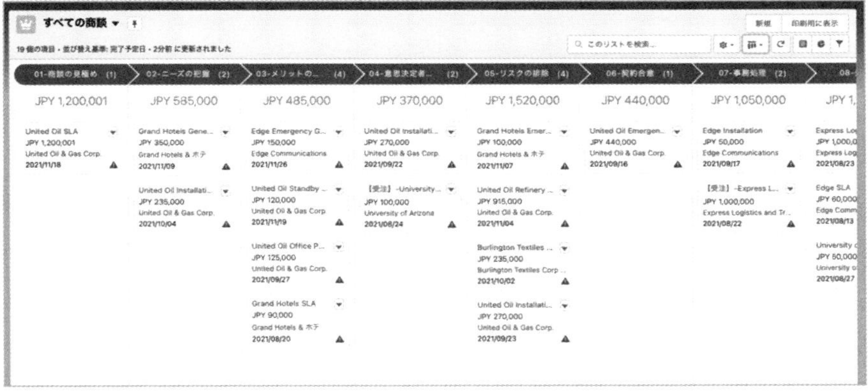


**画面9 分割ビュー**

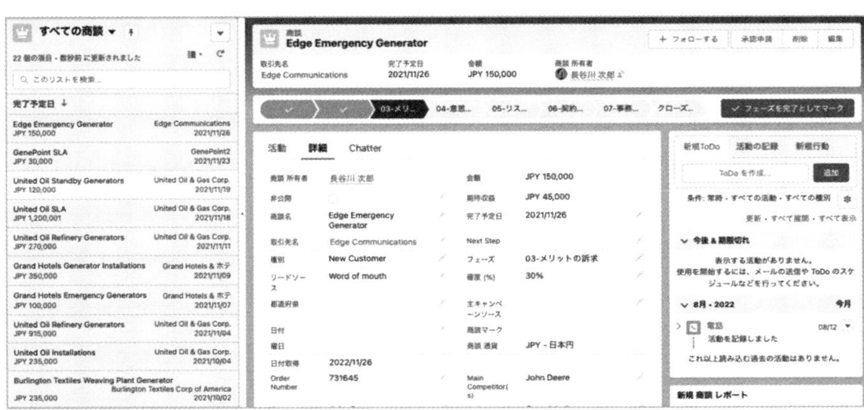

## COLUMN ユーザ目線によるカスタマイズ

Salesforceの主役はシステム管理者ではなく、ユーザ（メンバー）です。ユーザが入力してくれることが価値であり、組織が良い方向に変化していくためのSalesforceです。ユーザができるだけストレスなく入力できるように、定期的なヒアリングとブラッシュアップのための設定変更をしましょう。

例えば、新たな設定や機能追加、不具合の確認などは、ユーザに確認してもらう前に「代理ログイン」の機能を使って自分で確認することをオススメします。代理ログインでの確認を怠り、万が一自分のミスで設定が反映されなかった場合、ユーザの不信感につながります。そうなると、Salesforceを利用することがストレスにつながって、ユーザがSalesforceを利用しなくなるので、「ユーザが主役」という意識を忘れずに、確認は必ずしましょう。

第11章

# プロセスの自動化

プロセスの自動化には、承認プロセス、プロセスビルダー、ワークフロールール、フローがあります。自動化することによって、ある条件に合致した時にレコードの作成や更新が可能です。この章では、４種類のプロセスの自動化について説明します。

# 11-1

# 承認プロセスの作成

承認プロセスは、申請と承認の社内手続きを自動化や効率化できる機能です。

## 承認プロセスの新規作成

**承認プロセス**は、オブジェクトのレコードごとにユーザが申請し、マネージャ(上司)に承認してもらう機能です。

承認プロセスの新規作成は、[承認プロセス]画面*で行います。画面中央にある[承認プロセスを管理するオブジェクト]で、承認プロセスを開始したいオブジェクト(画面では[商談])を選択し、[承認プロセスの新規作成]から設定の一部が自動で設定される便利な[ジャンプスタートウィザードを使用]を選択します(**画面1**)。

画面1　承認プロセス

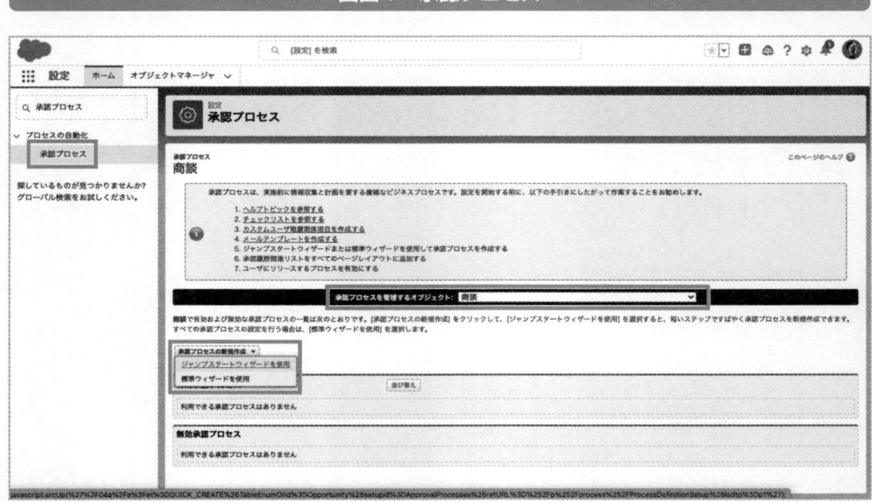


承認プロセスの[名前]欄や[一意の名前*]欄を入力し、入力条件の指定(画面では、商談金額が100,000円以上)を設定します(**画面2**)。

* **[承認プロセス]画面**　[クイック検索]で「承認プロセス」を検索し、検索結果の[承認プロセス]をクリックすると表示される。

* **一意の名前**　英数字で、入力かつ他の承認プロセスと被らないもの。一意は「重複のない」という意味。

画面2　承認プロセス作成

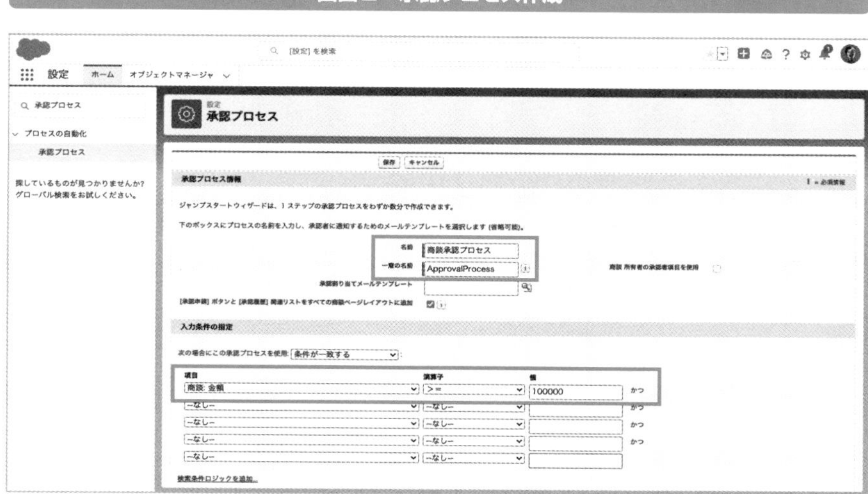

さらに画面を下にスクロールすると、[承認者の選択] 画面があります。[標準またはカスタムの階層関係項目を使用して自動的に承認者を割り当てる。] を選択すると、承認者は毎回、手動または自動で特定のユーザ (画面では [マネージャ*]) に割り当てることができます (**画面3**)。承認者の選択ができたら [保存] ボタンをクリックします。

画面3　承認者の選択

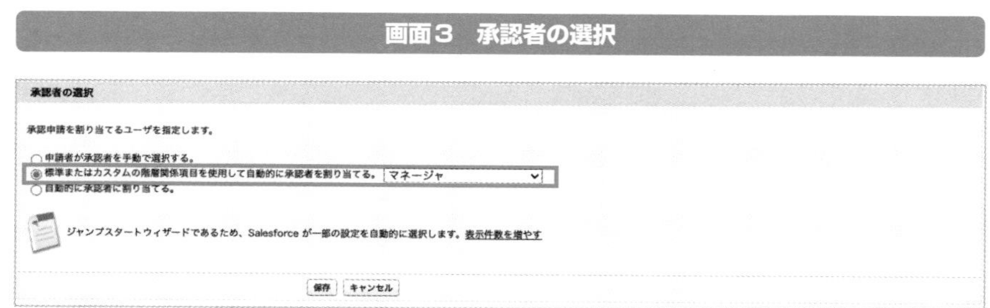

**画面4**が表示されたら、[承認プロセスの詳細ページの参照] ボタンをクリックして、追加アクションを設定していきます。

* **マネージャ**　マネージャに関しては、ユーザごとに設定ができる。

**画面4　承認プロセスの追加アクション**

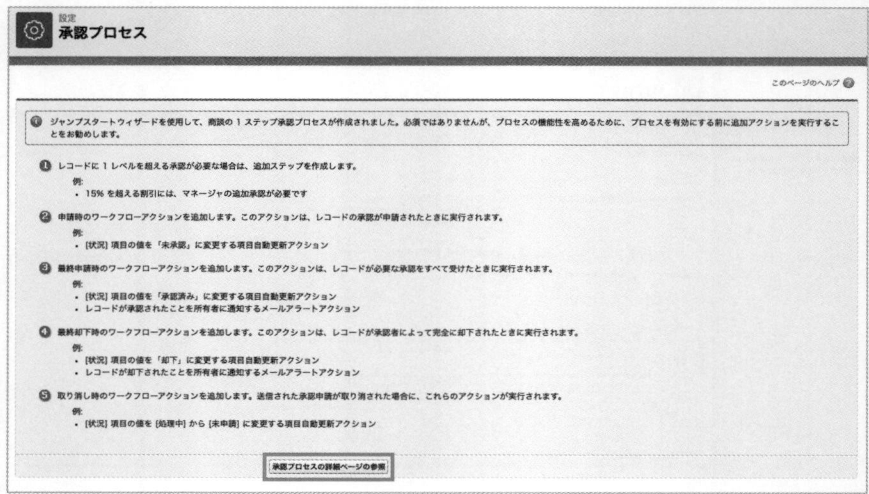


追加アクションのタイミングには「申請時」「最終承認時」「最終却下時」「取り消し」があり、それぞれに「ToDo」「メールアラート」「項目自動更新」「アウトバウンドメッセージ*」の4種のアクションを追加できます（**画面5**）。画面では、承認ステップが1つですが、最大30の承認ステップを設定できます。

**画面5　承認プロセスの追加アクションの設定**

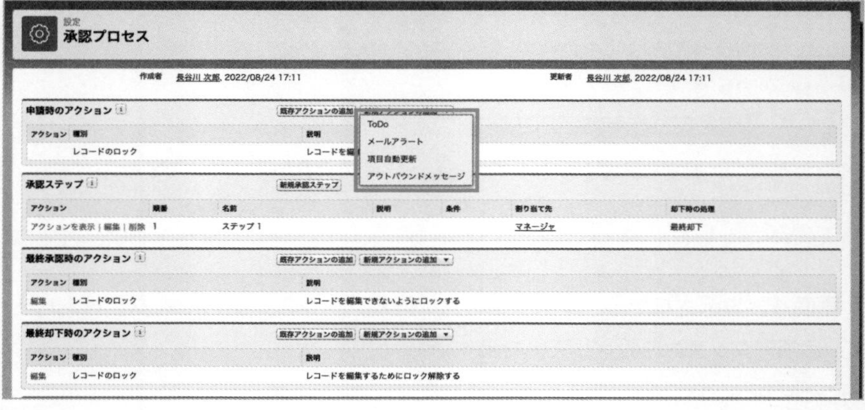


＊**アウトバウンドメッセージ**　項目に対する変更に基づいて、外部サービスなどの指定エンドポイントに情報を送信するアクション。

## 承認プロセスの有効化

　プロセスの自動化の全般に言えることなのですが、有効化が必要になります。承認プロセスの設定が終わったら、必ず［有効化］ボタンをクリックしてください（**画面6**）。

**画面6　承認プロセス有効化**

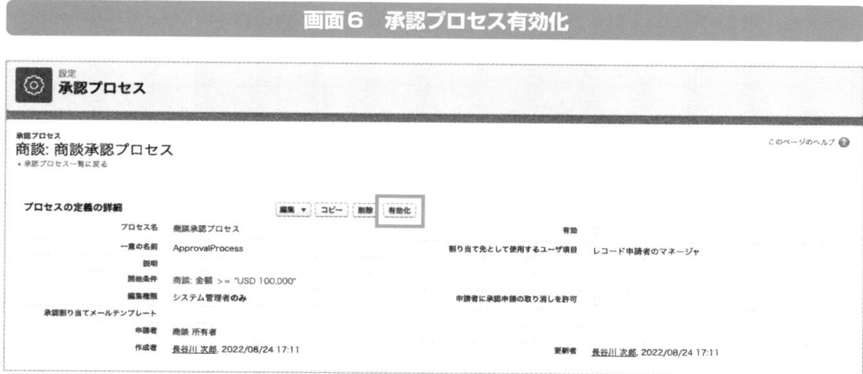


　承認プロセスを有効化し、開始条件のオブジェクトに［承認申請］ボタンをページレイアウトに配置すると、承認プロセスが使用できるようになります（**画面7**）。

**画面7　［承認申請］ボタン配置**

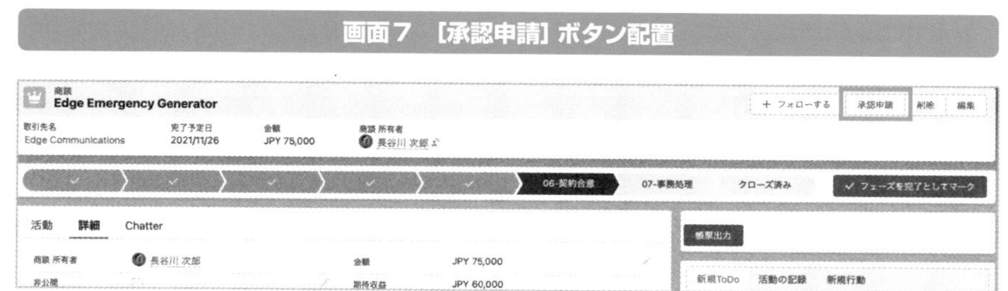

# 11-2

# プロセスビルダーの設定

プロセスビルダーは特定の条件を設定し、その条件に合致した場合に動作する自動化の機能の1つです。

## ▶▶ プロセスビルダーで自動化

**プロセスビルダー**は、条件に基づくビジネスプロセスを自動化できる機能です。プログラミングを行わずに設定が可能です。今回は、取引先の年間売上が100,000,000円以上であれば、評価を「Hot」にするプロセスビルダーを設定していきます。

プロセスビルダーの設定は、[プロセスビルダー] 画面*で行います。まず [新規] ボタンをクリックします (**画面1**)。

**画面1 プロセスビルダー**

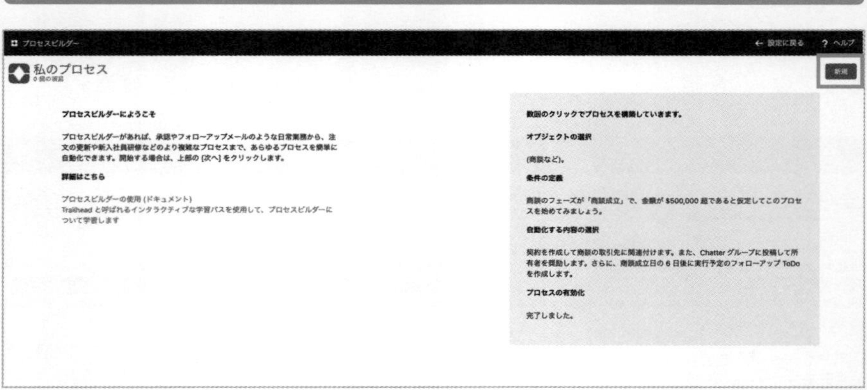


[新規プロセス] 画面が表示されたら、[プロセス名] 欄と [API 参照名] 欄に入力し、[プロセスを開始するタイミング] は [レコードが変更されたとき] を選択します (**画面2**)。[プロセス名] は日本語で入力できますが、[API 参照名] は、英数字での入力になります。[説明] 欄は必須項目ではありませんが、これから作成するプロセスビルダーがどんなビジネスプロセスを自動化したものかがわかるように簡単に記載しておくと良いでしょう。入力が終わったら [Save] ボタンをクリックします。

* **[プロセスビルダー] 画面** [クイック検索] で「プロセスビルダー」を検索し、検索結果の [プロセスビルダー] をクリックすると表示される。

画面2　新規プロセス

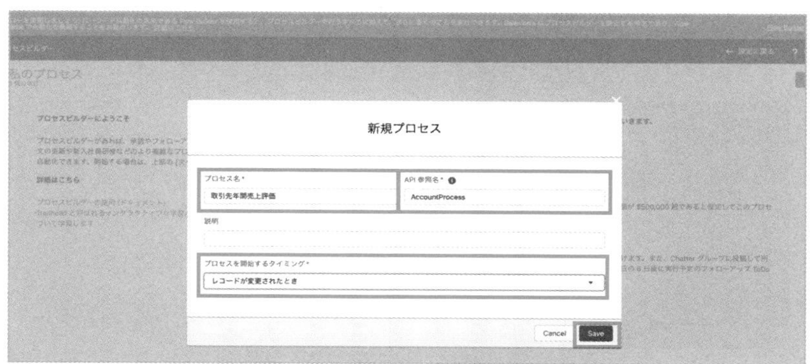




## プロセスを開始するタイミングの指定

**画面3**は、プロセスビルダーの作成画面です。[+オブジェクト] をクリックし、画面右側の [オブジェクト] 欄でプロセスを開始するオブジェクトを選択します。今回は「取引先」を選択し、[プロセスを開始] では、[レコードを作成または編集したとき] を選択します。取引先を作成した時と、編集した時にプロセスビルダーのプロセスが開始されます。設定が終わったら [保存] ボタンをクリックします。

画面3　プロセスビルダー作成

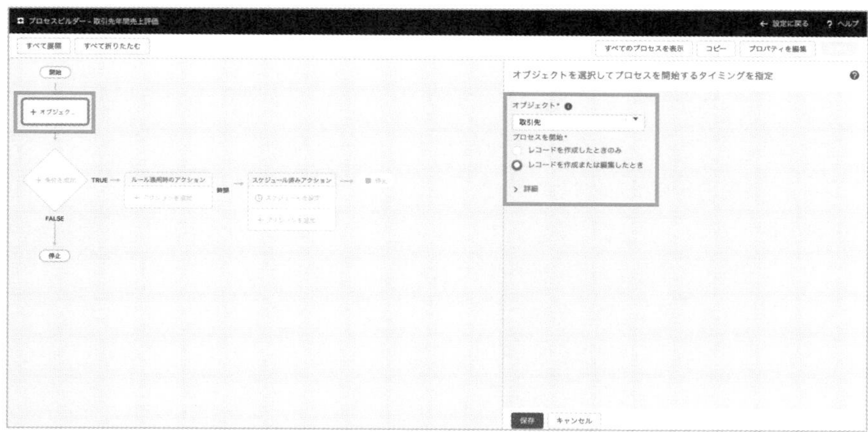

## 条件の追加

**画面4**は、プロセスビルダーが開始される条件を設定する画面です。今回は「取引先の年間売上の項目が¥100,000,000以上で作成または編集した時」にプロセスを開始したいので、そのように条件を設定していきます。

[+条件を追加] をクリックして、画面右側の [条件名] 欄に入力し、[アクションの実行条件] 欄は [条件を満たしている] を選択、[条件を設定] 欄で条件を設定します。[条件] は [すべての条件に一致 (AND)] を選択します。ここまで設定できたら、[保存] ボタンをクリックします。

画面４　条件を追加

## アクションの追加

**画面5**は、アクションを追加する画面です。[ルール適用時のアクション] の [+アクションを追加] をクリックし、画面右側の [アクション種別] 欄は [レコードを更新] を選択、[アクション名] 欄に入力します。さらに [レコード] 欄では、[更新するレコードを選択...] を選び、[保存] ボタンをクリックします。

**画面5 アクション追加**

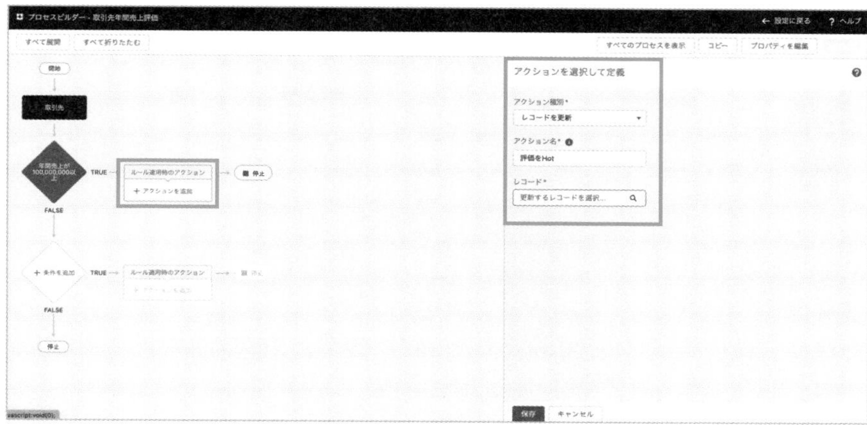

[更新するレコードを選択] 画面では、[プロセスを開始したAccountレコードを選択] を選び、[Choose] ボタンをクリックします (**画面6**)。

**画面6 更新するレコードを選択**

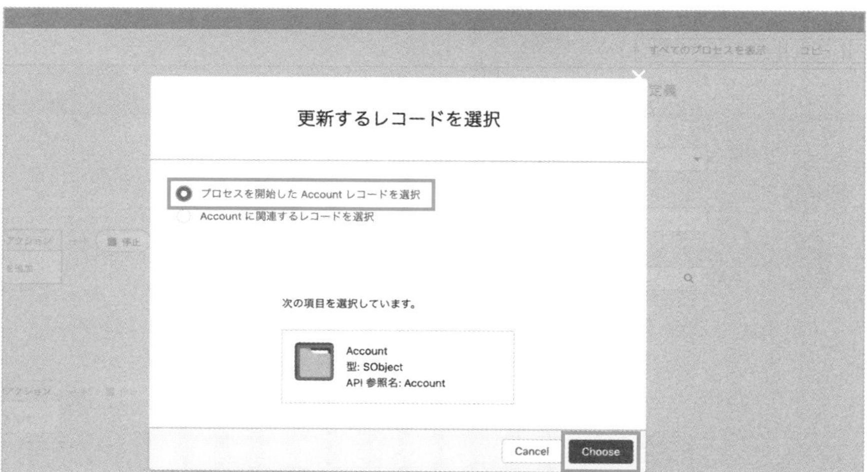


**画面7**の [更新するレコードの新しい項目値を設定] では、[取引先の評価] を [Hot] にするように設定し、[保存] ボタンをクリックします。

画面7　更新するレコードの新しい項目値を設定

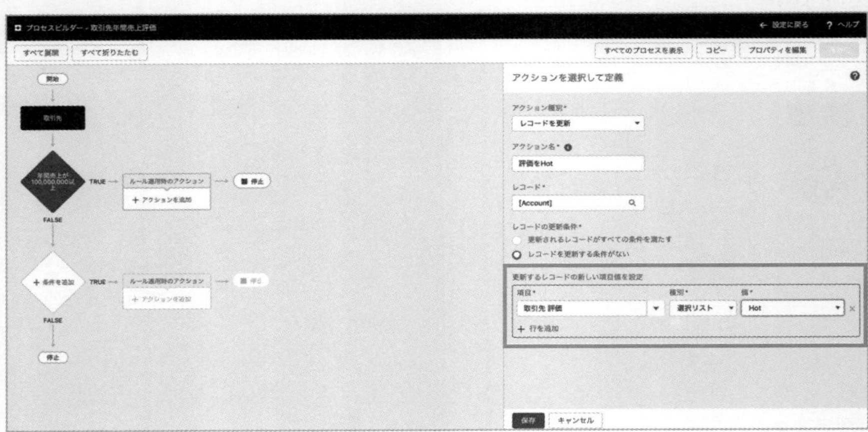

最後に［有効化］ボタンをクリックして、設定は完了です（**画面8**）。設定完了した後は必ず、プロセスビルダーが正常に動いているか、今回であれば取引先の画面で確認しておきましょう。

画面8　プロセスビルダーの有効化

# 11-3

# ワークフロールールの作成

ワークフロールールでもビジネスプロセスを自動化できます。自動化の中でも設定が簡単な機能です。

## ワークフロールールで自動化

**ワークフロールール**は、Salesforce上でビジネスプロセスを自動化する機能です。「もし〜なら（If）、〜する（Then）*」を定義して、アクションの実行を設定できます。

今回は「評価がHotの取引先が登録された時に、担当者にToDoを割り当てる」というワークフロールールを作成します。ワークフロールールの作成は、[ワークフロールール] 画面*で行い、新しいワークフロールールを作成する時は、[新規ルール] ボタンをクリックします（**画面1**）。[ワークフローの理解] 画面*が表示されたら、[次へ] ボタンをクリックしてください。

**画面1　ワークフロールール作成**

---

* **もし〜なら（If）、〜する（Then）**　プログラミングでよく使われる構文でIf文と呼ばれる。Ifの後に条件式を記述し、その条件式に合致していれば、Thenの後に記述した処理を実行する。条件分岐を設定するための構文。
* **[ワークフロールール] 画面**　[クイック検索] で「ワークフロールール」を検索し、検索結果の [ワークフロールール] をクリックすると表示される。
* **[ワークフローの理解] 画面**　[Flow Builderで試しますか?] という画面が表示されたら、ワークフロールールで [続行] ボタンをクリックしてください。

## オブジェクトの選択

**画面2**の［オブジェクト］欄で、ワークフロールールを設定するオブジェクトを選択します。今回は「取引先」を選択し、［次へ］ボタンをクリックします。

**画面2　オブジェクトの選択**

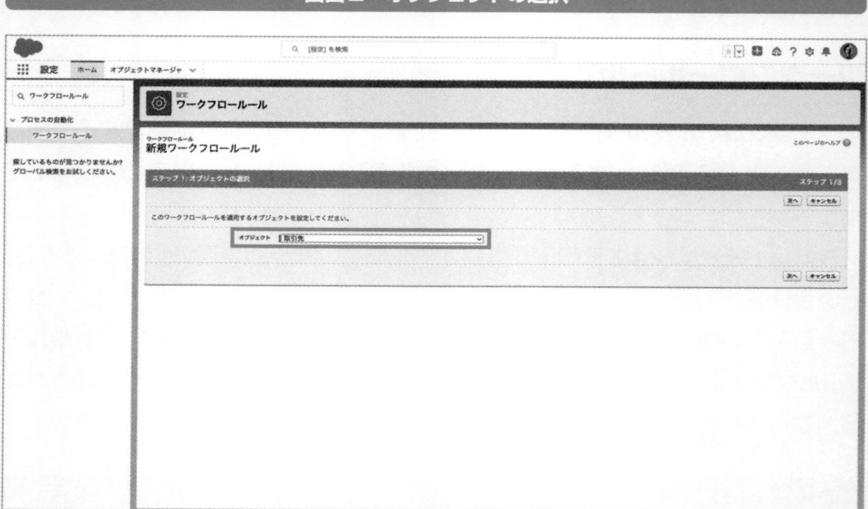


## ワークフロールールの設定

**画面3**の［ルールの編集］では、［ルール名］欄に任意で入力します。［説明］欄は必須項目ではないので、入力しなくてもワークフロールールは作成できますが、どのようなワークフロールールかを記載しておくと便利です。

［評価条件］は［作成されたとき、およびその後基準を満たすように編集されたとき］を選択します。［ルール条件］は、**表1**のように今回作成するシナリオ通り設定します。

画面3　ワークフロールールの設定

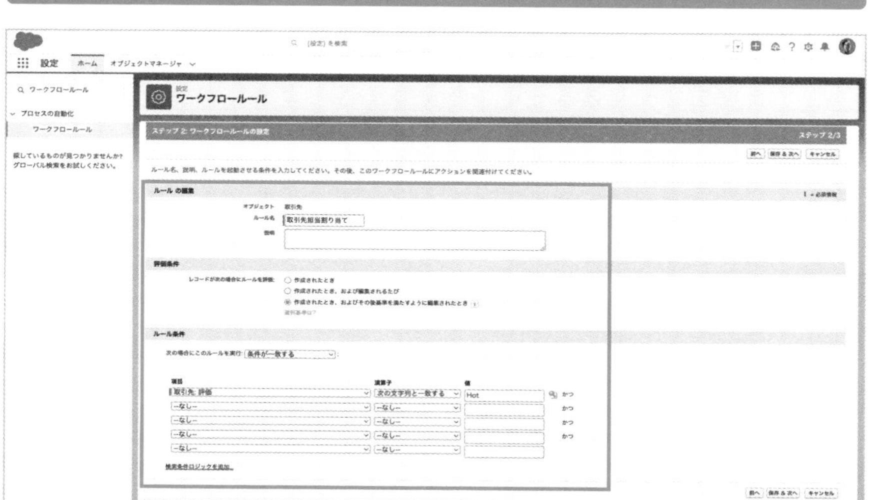

表1　[ルール条件] の設定値

| 要件 | 設定値 |
|---|---|
| 項目 | 取引先: 評価 |
| 演算子 | 次の文字列と一致する |
| 値 | Hot |

これで取引先の評価がHotという条件が設定できました。ここまで設定できたら、[保存&次へ] ボタンをクリックします。

## ワークフローアクションの設定

[ワークフローアクションの設定] では、ワークフロールールの評価条件に合致した時、どのようなアクションをさせるか設定します。

今回は評価条件に合うように、取引先が登録された時に担当者にToDoを割り当てたいので、[ワークフローアクションの追加] では、「新規ToDo」を選択します (**画面4**)。

### 画面4　ワークフローアクションの設定

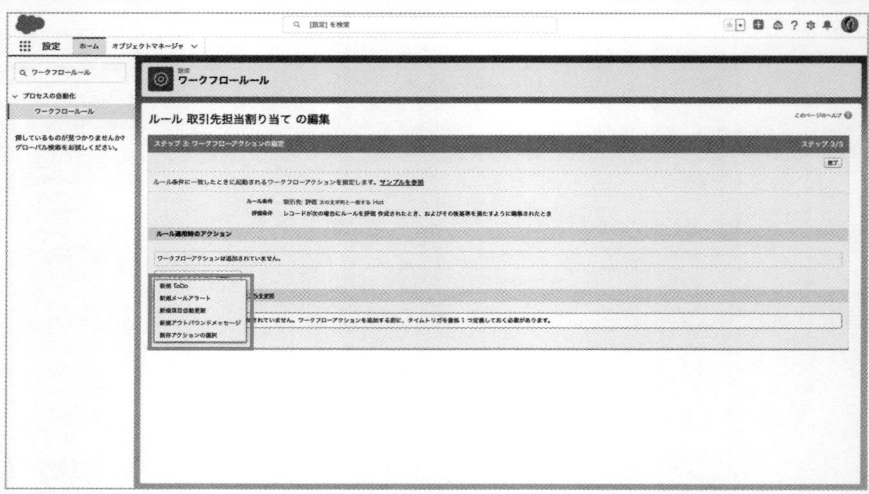


なお、[ワークフローアクションの追加] には、**表2**に示した4つがあります。

### 表2　ワークフローアクションの追加

| 種類 | 内容 |
|---|---|
| 新規ToDo | ユーザ、ロール、所有者にToDoを割り当てます |
| 新規メールアラート | メールを送信します |
| 新規項目自動更新 | レコードの項目を更新します |
| 新規アウトバウンドメッセージ | 外部サービスなどの指定エンドポイントに情報を送信します |
| 既存アクションの選択 | 既存のワークフローアクションをワークフロールールと関連づけます |

[新規ToDo] を今回のシナリオに合うように、**表3**のように設定します（**画面5**）。入力が終わったら、[保存] ボタンをクリックします。

表3 [新規ToDo] の設定

| 項目 | 設定値 |
|---|---|
| 割り当て先 | ToDoを割り当てるユーザ |
| 件名 | 任意の件名 |
| 一意の名前 | 英数字で任意の名前 |
| 期日 | 取引先作成から2日後 |
| 状況 | 必要に応じて変更 |
| 優先度 | 必要に応じて変更 |
| コメント | 任意の文字列 |

画面5 ワークフローアクションの新規ToDo作成

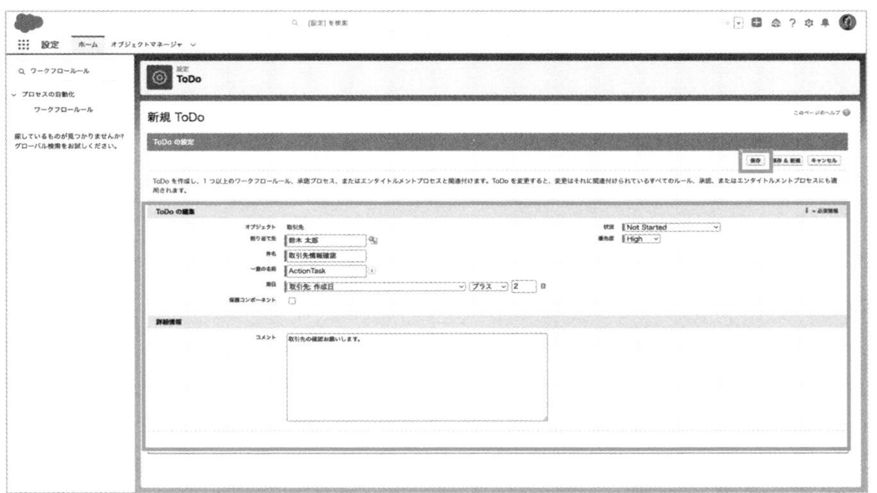


## ワークフロールールの有効化

ワークフロールールも他のプロセス自動化ツールと同様に、有効化が必要です。**画面6**で [完了] ボタンをクリックし、[ワークフロールールの詳細] 画面で [有効化] ボタンをクリックして作成したワークフロールールを有効化したら、ワークフロールールの設定は完了です。作成したワークフロールールの動作確認も忘れずに行いましょう。

## 画面6 ワークフローアクションの設定

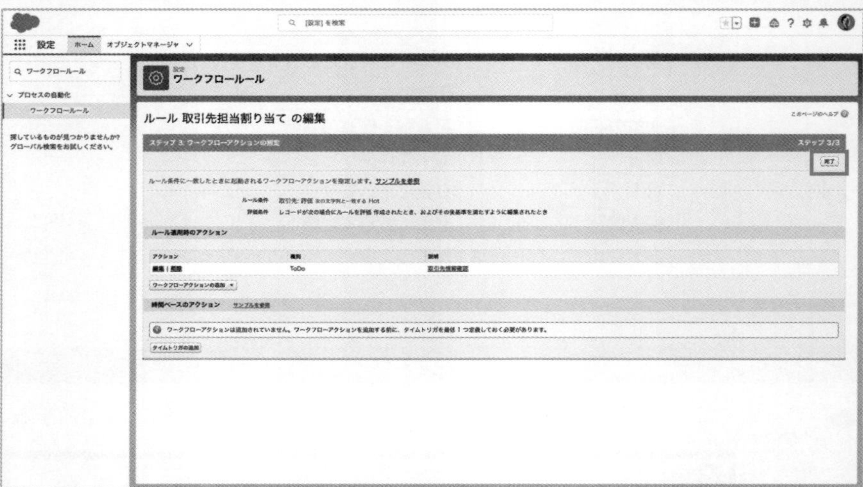

# 11-4

# フローの作成

フローは、ワークフローやプロセスビルダーに比べて高度な自動化ができる機能です。



## フローで自動化

**フロー**は、ワークフローやプロセスビルダーに比べて自由度の高いビジネスプロセスを自動化できるツールです。複雑なプロセスでもプログラミングなしで設定できます。

フローの作成は、[フロー] 画面*で [新規フロー] ボタンをクリックします (**画面1**)。

**画面1 フロー**

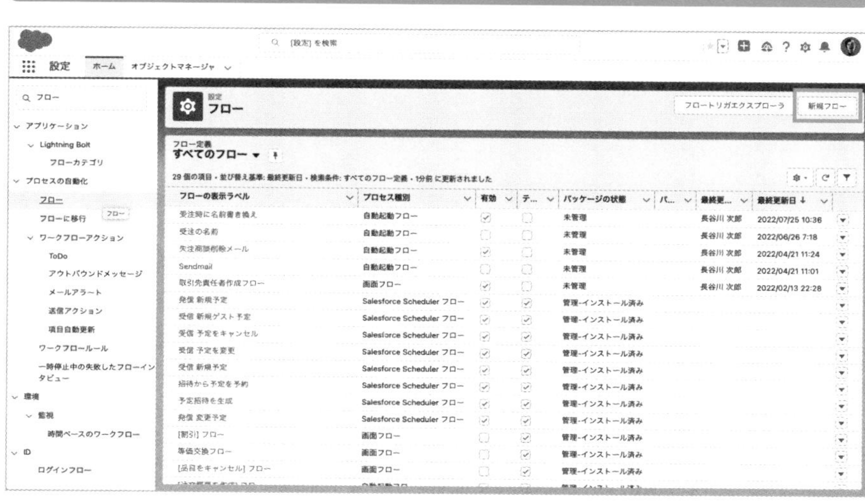


［新規フロー］画面で、フローを選択します (**画面2**)。フローにはいくつかの種別があり、その代表的なものが**表1**に示したものです。

---

* **[フロー] 画面**　[クイック検索] で「フロー」を検索し、検索結果の [フロー] をクリックすると表示される。

画面2 新規フロー

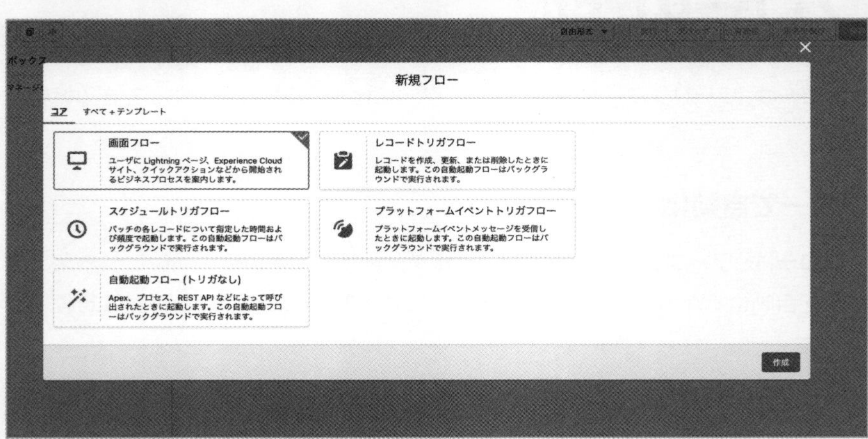


表1 フローの種類

| 種類 | 内容 |
|---|---|
| 画面フロー | 独自の画面を作成できるフロー。ホーム画面やレコードページなどに配置ができる |
| 自動起動フロー | Apex、プロセス、REST APIなどから呼び出された時に起動するフロー |
| スケジュールトリガフロー | フローが自動起動する頻度（1回のみ、毎日、毎週）を設定ができるフロー |
| レコードトリガフロー | レコードを作成、更新、削除された時に起動するフロー |
| プラットフォームイベントトリガフロー | 特定のプラットフォームイベントメッセージを受信した時に開始されるフロー |

## 画面フローの作成

今回は、**Flow Builder**を使用して、取引先責任者を簡単に登録できるフローを作成していきます。Flow Builderは、システム管理者＊がSalesforceで使用するフローを作成できるクラウドベースのアプリケーションです。

まず**画面2**の［新規フロー］画面で［画面フロー］を選択し、［作成］ボタンをクリックします。フローを編集する［Flow Builder］画面が表示されるので、［画面フ

＊**システム管理者** アプリケーションの設定およびカスタマイズができる組織内の1人以上のユーザ。システム管理者のプロファイルが割り当てられている。

ロー］と［終了］の間の［＋ボタン］をクリックし、［画面］をクリックします（**画面3**）。

**画面3　Flow Builder**

［新規画面］画面の右側にある［表示ラベル］欄、［API 参照名］欄に任意で入力します（**画面4**）。

**画面4　新規画面作成**

［新規画面］画面の左側に［コンポーネント］と言われる部品一覧があり、そこから［名前］コンポーネントをドラッグ＆ドロップで配置し、［API 参照名］欄に任意の英数字を入力します（**画面5**）。

**画面５　［名前］コンポーネントを配置**

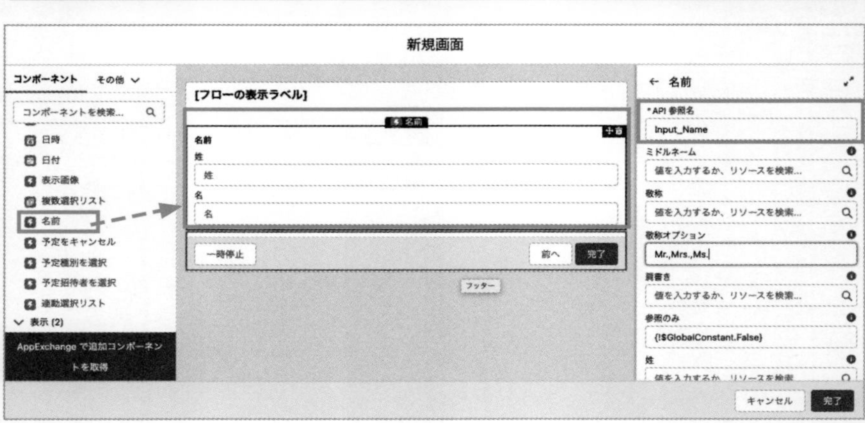


続いて［新規画面］画面の左側の［コンポーネント］から［メール］コンポーネントを［名前］コンポーネントの下にドラッグ＆ドロップで配置し、［API 参照名］に任意の英数字を入力します（**画面6**）。

**画面６　［メール］コンポーネントを配置**

さらにフッターの設定を行います。画面の右側にある［画面のプロパティ］の［フッターを表示］にチェックを入れ、**表2**のように設定して［完了］ボタンをクリックします（**画面7**）。

**画面7　フッターの設定**

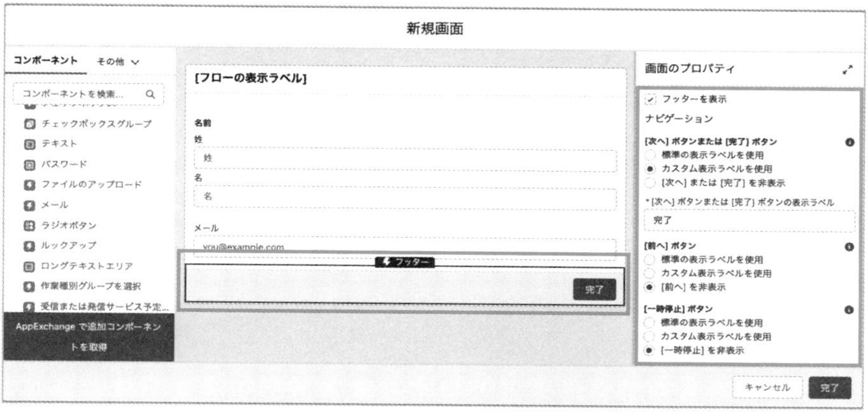

**表2　画面のプロパティの設定**

| 項目 | 設定値 |
|---|---|
| ［次へ］ボタンまたは［完了］ボタン | カスタム表示ラベルを使用 |
| ［次へ］ボタンまたは［完了］ボタンの表示ラベル | 完了 |
| ［前へ］ボタン | ［前へ］を非表示 |
| ［一時停止］ボタン | ［一時停止］を非表示 |

再び表示される［Flow Builder］画面で、［取引先責任者簡単作成］と［終了］の間の［+］ボタンをクリックし、［レコード作成］をクリックします（**画面8**）。

**画面8 Flow Builder**

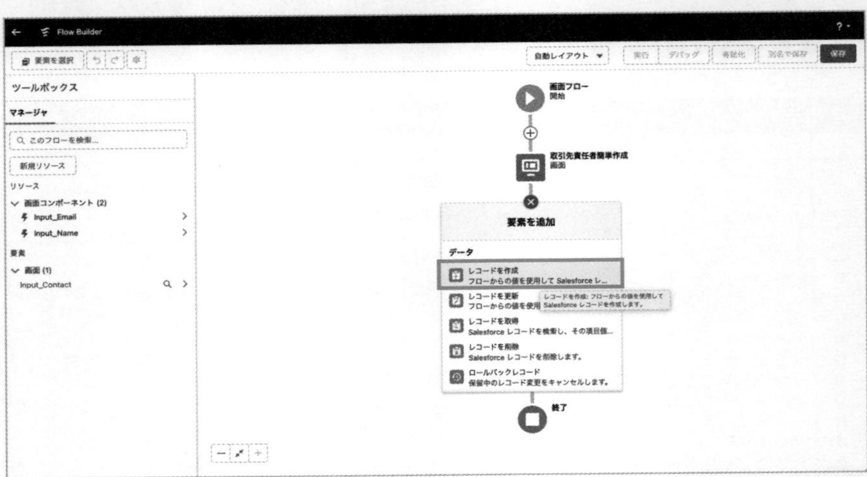


［新規のレコードの作成］画面で［表示ラベル］欄、［API 参照名］欄は任意に入力し、［作成するレコード数］は［1］を選択、［レコード項目の設定方法］は［個別のリソースおよびリテラル値］を使用を選択します（**画面9**）。

**画面9 新規のレコードの作成**

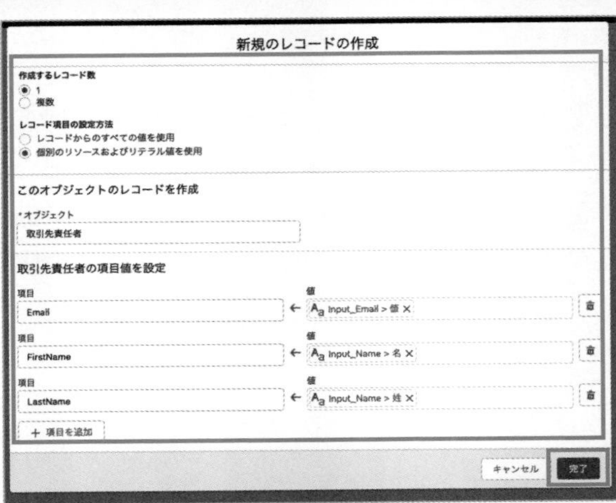

また、[オブジェクト] は [取引先責任者] を選択し、[取引先責任者の項目値を設定] は**画面9**のように値の中から、画面5、画面6で設定したメール、姓、名の値を呼び出し、[完了] ボタンをクリックします。

[Flow Builder] 画面で [保存] ボタンをクリックし、フローの [表示ラベル] と [API 参照名] を入力し、[保存] ボタンをクリックしてフローの作成は終了です（**画面10**）。

**画面10　Flow Builder**

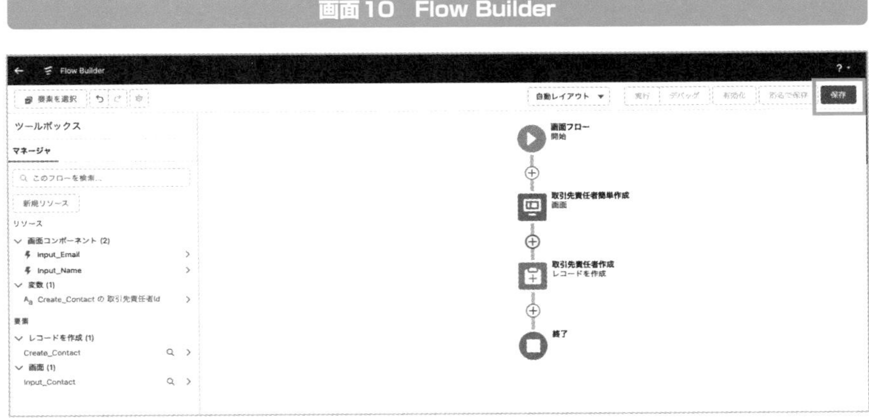

最後に [有効化] ボタンをクリックして、有効化します（**画面11**）。

**画面11　フローの有効化**

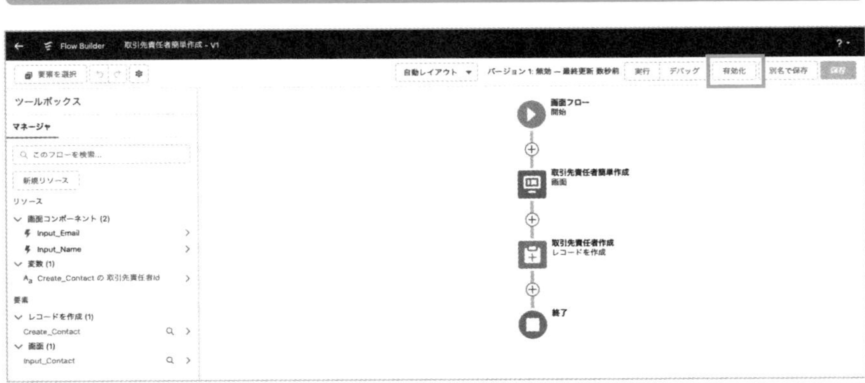

## ホーム画面へのフローの埋め込み

作成した画面フローは、ホーム画面に埋め込むことができます。ホーム画面を表示し、右上の［歯車］アイコンから［編集ページ］をクリックします。

［Lightningアプリケーションビルダー］内で、左側の［コンポーネント］から［フロー］コンポーネントを選択し、任意の場所へ［フロー］コンポーネントをドラッグ＆ドロップで配置します（**画面12**）。画面右側の［フロー］の設定画面で作成した画面フローを選択し、［保存］ボタンをクリックして、設定は終了です。

**画面12　ホーム画面編集**

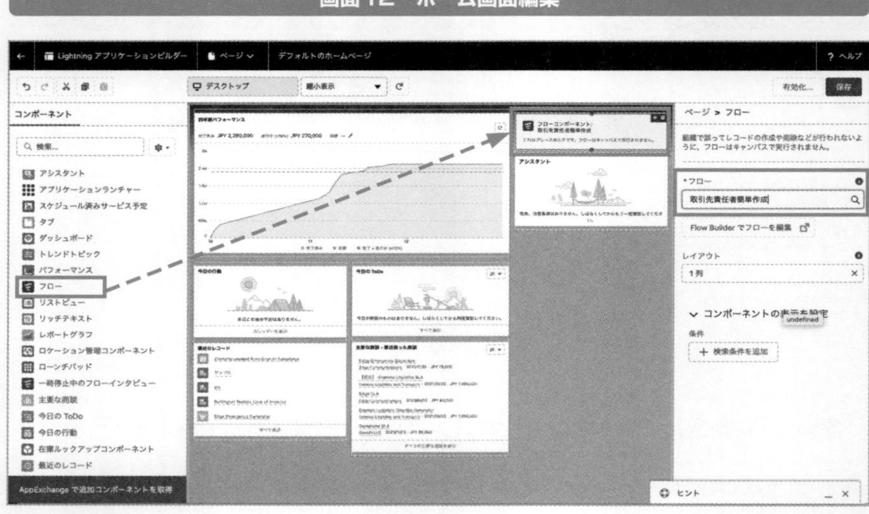


設定後、ホーム画面に配置された画面フローで姓、名、メールを入力して、取引先責任者を作成し、動作確認をしてみましょう。

第12章

# インターフェースのカスタマイズ

Salesforceでは、より使いやすくするためにインターフェースのカスタマイズが可能です。この章ではインターフェースのカスタマイズ方法を説明します。

# 12-1

# ホーム画面の設定

ホーム画面のコンポーネントの配置は、自由に変更できます。その変更方法を説明します。

## ホーム画面の編集

**ホーム画面**の編集は、ホーム画面を表示している状態で、画面右上の［歯車］アイコンから［編集ページ］をクリックします（**画面1**）。

画面1　ホーム画面から編集ページ

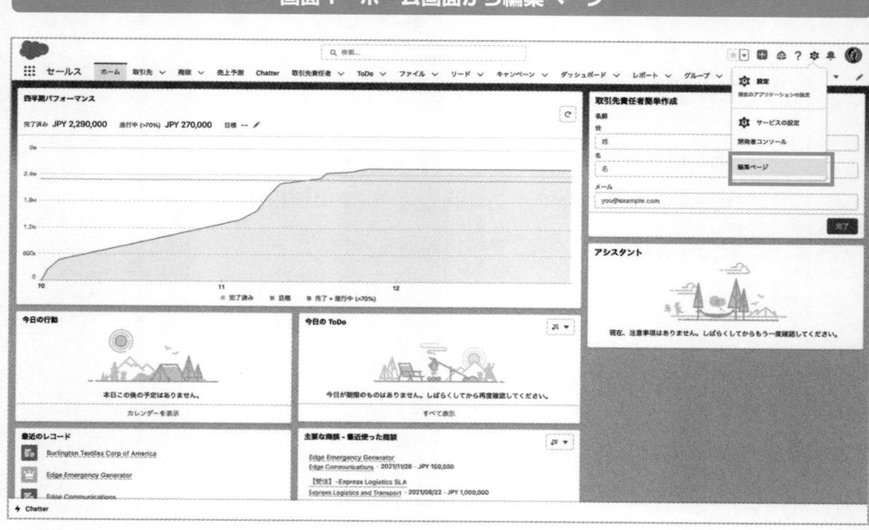


［Lightningアプリケーションビルダー］画面が表示されます。画面左側の［コンポーネント］と言われる部品一覧があるので、画面中央のプレビューの配置したい部分にコンポーネントを配置します（**画面2**）。

画面2 Lightningアプリケーションビルダー

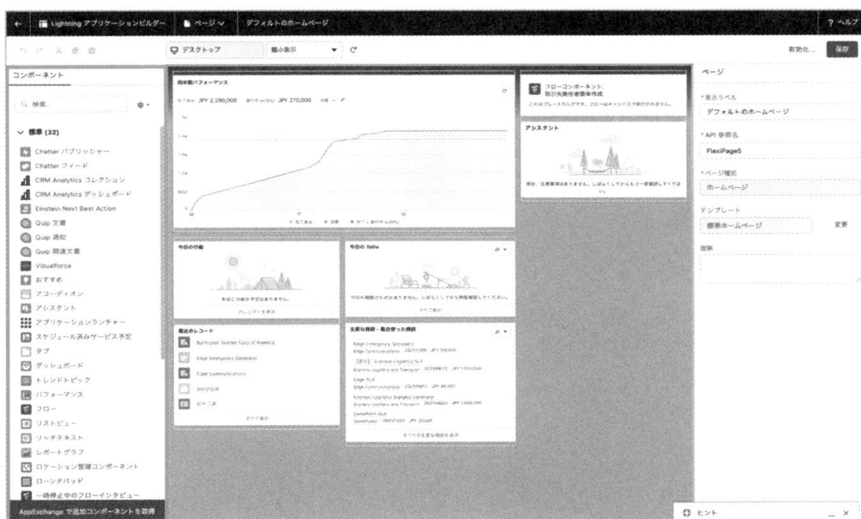


## コンポーネントの配置

画面左側の［コンポーネント］から、［ダッシュボード］コンポーネントをドラッグ＆ドロップで画面中央のプレビューのお好きな場所に配置します（**画面3**）。

［ダッシュボード］コンポーネントをホーム画面に配置することで、頻繁に確認したいダッシュボードを確認するまでの時間を短縮できるようになります。

なお、［ダッシュボード］コンポーネントを配置する場合は、事前にダッシュボードを作成しておく必要があります。

画面３　コンポーネントの配置

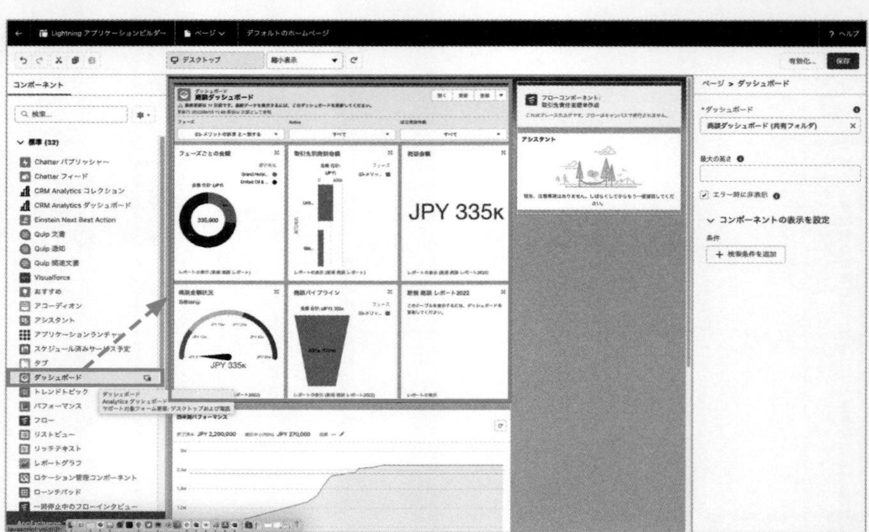

次にタブコンポーネントを配置してみます。[コンポーネント] から [タブ] コンポーネントを配置したい場所にドラッグ＆ドロップします（**画面４**）。画面右側に [タブ] の設定が表示されるので、タブの配置変更、タブ名の変更、タブの追加も可能です。

また、タブの中に別のコンポーネントを配置ができます。[タブ] コンポーネントは、複数のコンポーネントを中に配置できるので、たくさんのコンポーネントを配置したい場合は、[タブ] コンポーネントを使用すると、コンポーネントのスペースを有効に活用できます。

コンポーネントは、ダッシュボードとタブを紹介しましたが、そのほかにも、たくさんのコンポーネントが存在します。コンポーネントは簡単に配置できるので、紹介した以外のコンポーネントも試してみてください。

**画面4　タブコンポーネントの配置**

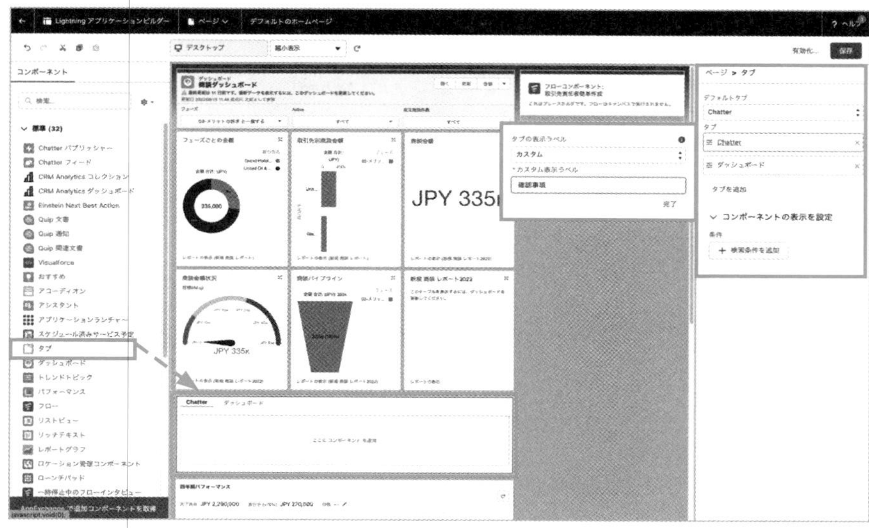


## 検索条件の追加

　コンポーネントには、**検索条件**を設定することができ、表示する条件を設定ができます。**画面5**で検索条件を設定したいコンポーネントを画面中央のプレビューで選択し、画面右側の［＋検索条件を追加］ボタンをクリックして検索条件を設定すると、条件に合致した時のみコンポーネントが表示されます。

**画面5　検索条件の追加**

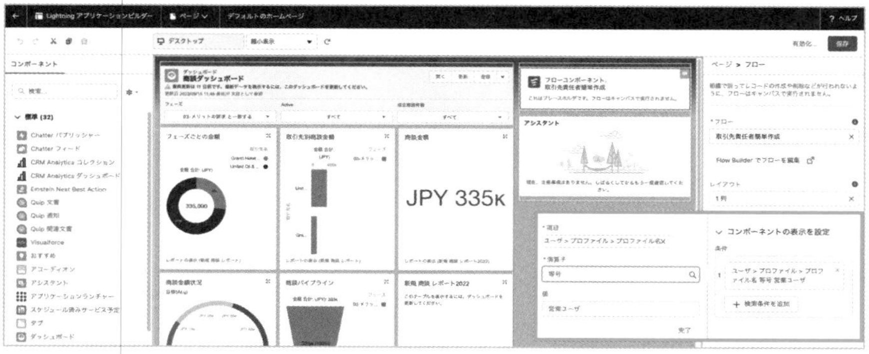

# 12-2 レコードページの設定

ホーム画面と同様に、レコードページでもコンポーネントの配置変更ができます。

## ▶▶ レコードページの編集

**レコードページ**の編集は、レコードページを表示している状態で右上の［歯車］アイコンから［編集ページ］をクリックします（**画面1**）。

**画面1　レコードページの編集**

［Lightningアプリケーションビルダー］画面が表示されます。［コンポーネント］から、画面中央のプレビューにコンポーネントをドラッグ＆ドロップで配置します（**画面2**）。

画面2 Lightningアプリケーションビルダー

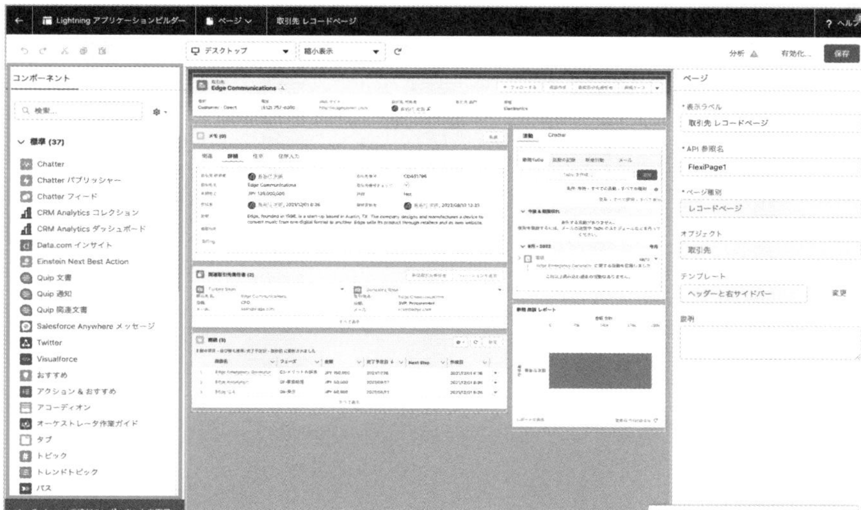




## コンポーネントの配置

レコードページもホーム画面と同様にレポートグラフを配置できますが、レコードページにのみ可能なのが、[フィルタ条件] を設定できることです。

**画面3**の [Lightningアプリケーションビルダー] 画面で、[レポートグラフ] コンポーネントをレコードページ内にドラッグ＆ドロップで配置します。画面右側の [フィルタ条件] で、[取引先ID] を選択すると、表示している取引先のIDで絞られたレポートグラフが表示されます。

つまり、レポートグラフのレポートは、複数の取引先でレポートが作られていても、レポートグラフコンポーネントのフィルタ条件を設定することで、表示している取引先で絞られた状態のレポートグラフになります。ですので、取引先ごとにレポートを作成する必要がなくなります。

画面3 Lightningアプリケーションビルダー

**関連リスト**は、ページレイアウトで表示設定がされていれば、そのうちの1つだけをコンポーネントとして扱えます。[関連リスト] コンポーネントは、表示設定になっているすべて関連リストが表示されていますが、[関連リスト - 1つ] コンポーネントを使用すると、見たい関連リストだけを配置できます（**画面4**）。

画面4 関連リスト-1つコンポーネント

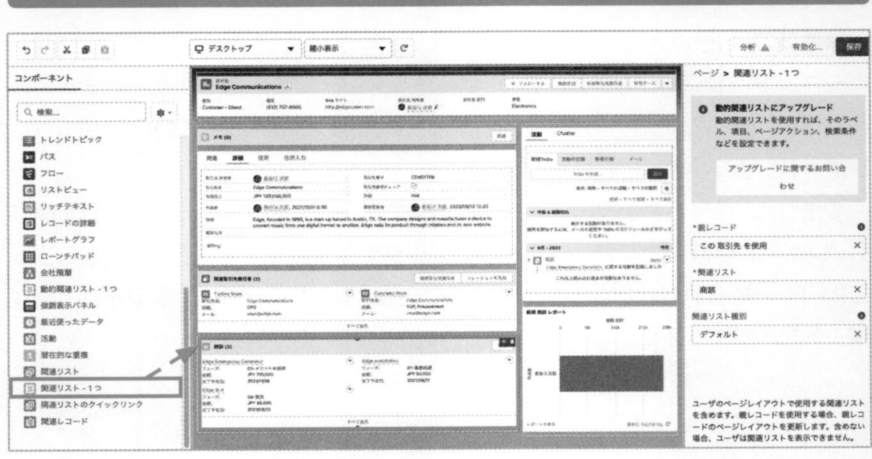

ホーム画面と、レコードページのLightningアプリケーションビルダーでのページの編集には大きな違いはありませんが、扱えるコンポーネントに多少違いがあります。

## 動的アクション

レコードページ内で［動的アクションへのアップグレード］を行うと、画面上部の強調表示パネルに配置されているボタンの配置変更や、ボタンごとに表示条件を変更できます（**画面5**）。

**画面5　動的アクションへのアップグレード**

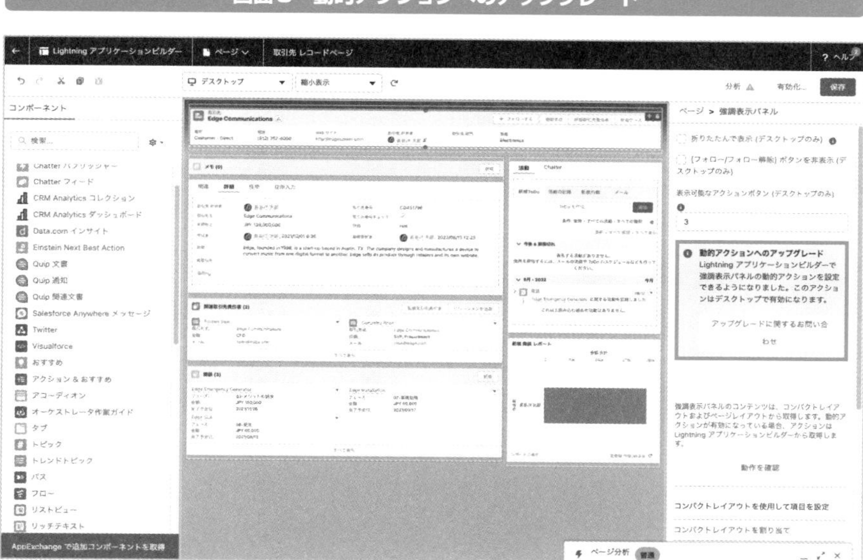


**画面6**の中にあるプレビュー画面の上部の強調表示パネルを選択すると、アクション（ボタン）の配置変更や、ボタンごとに検索条件を追加できるようになります。検索条件を追加すると、条件に合致した時のみ表示されるようになります。アクションが多い場合、検索条件を追加することで、整理されたレコードページになります。

## 画面6 動的アクションの設定

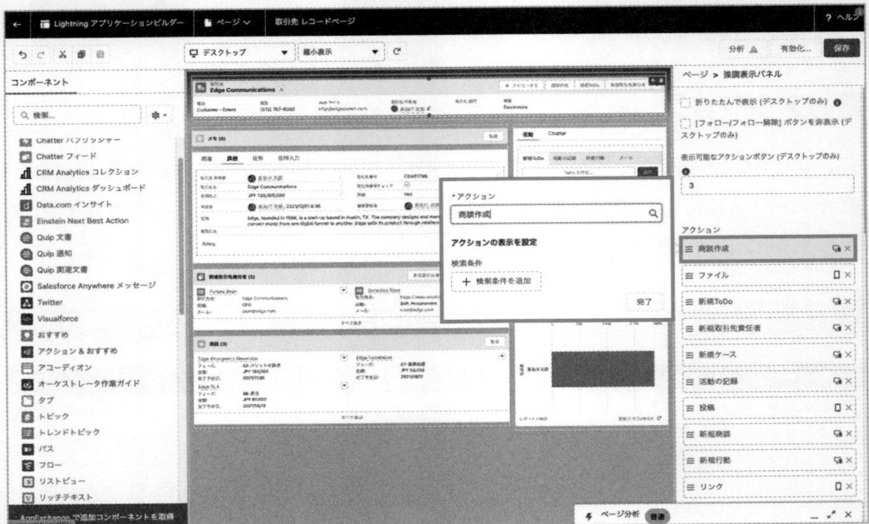

# 12-3 アプリケーションランチャー/メニューの設定

アプリケーションランチャーやアプリケーションメニューで、アプリケーションを表示/非表示にする方法を説明します。



## アプリケーションランチャーの設定

**アプリケーションランチャー**には、表示設定になっているアプリケーションが一覧で表示されます。**画面1**で［すべてを表示］をクリックすると、**画面2**の［アプリケーションランチャー］画面が表示され、ナビゲーションバーに表示されていないオブジェクトにアクセスする時に便利です。

**画面1 ［すべてを表示］をクリック**

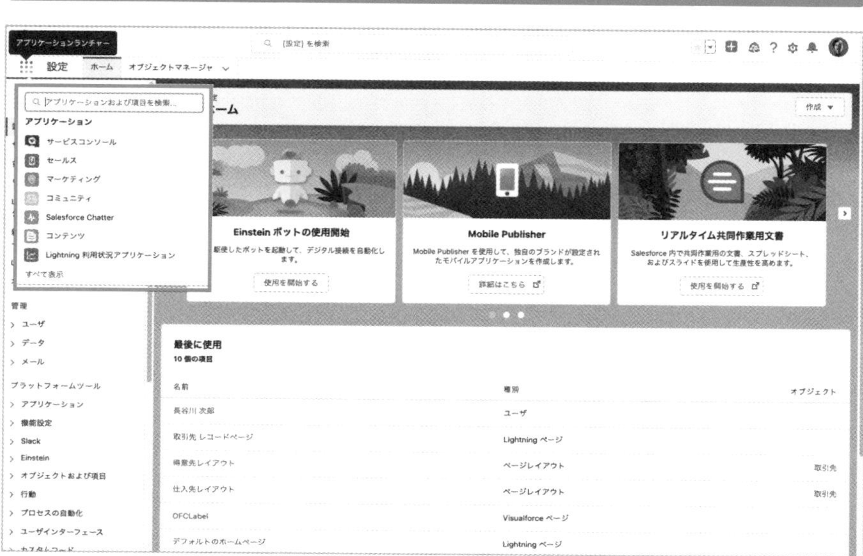

**画面2 アプリケーションランチャー**

アプリケーションランチャー内でアプリケーションをドラッグ&ドロップすると、配置の変更ができます。

## アプリケーションメニューの設定

**アプリケーションメニュー**でも、アプリケーションの表示/非表示が設定できます。[アプリケーションメニュー] 画面*では、**画面3**のようにアプリケーションの一覧が表示されます。アプリケーションランチャーで表示されているアプリケーションは [アプリケーションランチャーで表示] になっています。非表示にしたい時は、[アプリケーションランチャーで表示] をクリックすると、[アプリケーションランチャーで非表示] に変わり、アプリケーションランチャーで非表示になります。

再度、アプリケーションを表示したい時は、[アプリケーションランチャーで非表示] をクリックします。

* **[アプリケーションメニュー] 画面** [クイック検索] で「アプリケーションメニュー」を検索し、検索結果の [アプリケーションメニュー] をクリックすると表示される。

画面3 アプリケーションメニュー

アプリケーションが多くなってきたら、アプリケーションメニューで表示設定を変更し、アプリケーションランチャー内が整理されている状態を保ちましょう。

# 12-4 グローバルアクションの設定

グローバルアクションは、画面で表示しているページに関係なく実行できるアクションです。

## ▶▶ グローバルアクションの使い方

**グローバルアクション**は、どのページにいても使用できるアクションです。ユーザはページを切り替えることなく、活動の記録やレコード作成などが行えます。グローバルアクションは、画面右上の［+］アイコンをクリックすると表示されます。

グローバルアクションで、例えば、［新規取引先責任者］をクリックすると入力画面が表示され、必要な項目を入力して［保存］ボタンをクリックすると、取引先責任者のレコードが1つ作成できます（**画面1**）。

**画面1　グローバルアクション**

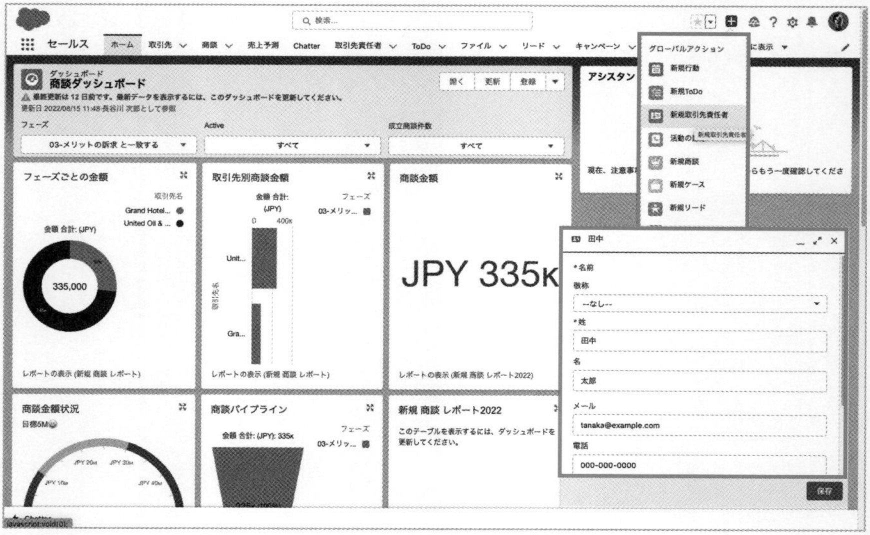

## グローバルアクションの新規作成

　グローバルアクションの設定は、[グローバルアクション] 画面*で行います。新規でアクションを作成する*場合は、画面1で [新規アクション] ボタンをクリックします。[新規アクション] 画面が表示されるので、各項目に入力します (**画面2**)。

**画面2　新規アクション**

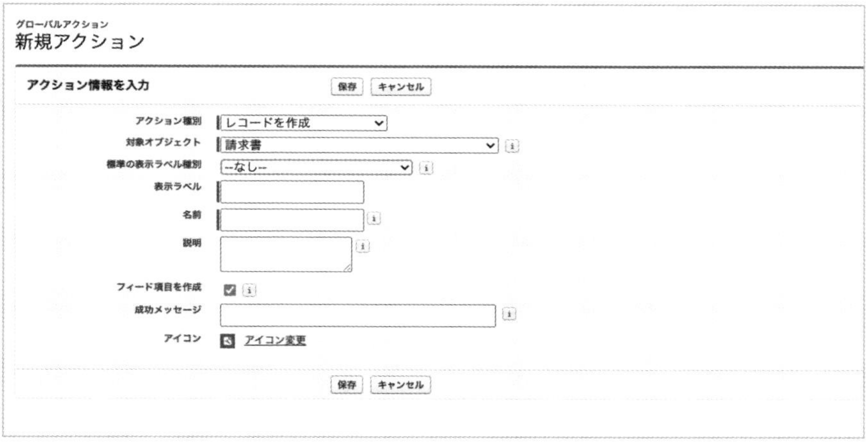

## 既存のアクションのレイアウト変更

　既存アクションの入力画面のレイアウト変更も可能です。グローバルアクションの一覧画面で、変更したいグローバルアクションの [レイアウト] をクリックします (**画面3**)。

---

＊ **[グローバルアクション] 画面**　[クイック検索] で「グローバルアクション」を検索し、検索結果の [グローバルアクション] をクリックすると表示される。

＊ **新規でアクションを作成する**　新規アクションの作成に関しては、10.5節「ボタン、リンク、およびアクション」を参考にしてください。

**画面3　グローバルアクションの一覧**

アクション　[新規アクション]　アクションのヘルプ

| アクション | | 表示ラベル | 名前 | 説明 | 対象オブジェクト | 種別 | コンテンツソース | アイコン |
|---|---|---|---|---|---|---|---|---|
| 編集 \| 削除 | レイアウト | メール | SendEmail | | | メールを送信 | アクションレイアウトエディタ | |
| 編集 \| 削除 | レイアウト | 活動の記録 | LogACall | | | 活動の記録 | アクションレイアウトエディタ | |
| 編集 \| 削除 | レイアウト | 新規ToDo | NewTask | | ToDo | レコードを作成 | アクションレイアウトエディタ | |
| 編集 \| 削除 | レイアウト | 新規グループ | NewGroup | | グループ | レコードを作成 | アクションレイアウトエディタ | |
| 編集 \| 削除 | レイアウト | 新規ケース | NewCase | | ケース | レコードを作成 | アクションレイアウトエディタ | |
| 編集 \| 削除 | レイアウト | 新規メモ | NewNote | | メモ | レコードを作成 | アクションレイアウトエディタ | |
| 編集 \| 削除 | レイアウト | 新規リード | NewLead | | リード | レコードを作成 | アクションレイアウトエディタ | |
| 編集 \| 削除 | レイアウト | 新規行動 | NewEvent | | 行動 | レコードを作成 | アクションレイアウトエディタ | |
| 編集 \| 削除 | レイアウト | 新規取引先 | NewAccount | | 取引先 | レコードを作成 | アクションレイアウトエディタ | |
| 編集 \| 削除 | レイアウト | 新規取引先責任者 | NewContact | | 取引先責任者 | レコードを作成 | アクションレイアウトエディタ | |
| 編集 \| 削除 | レイアウト | 新規商談 | NewOpportunity | | 商談 | レコードを作成 | アクションレイアウトエディタ | |
| 編集 \| 削除 | レイアウト | 請求書 | bill | | 請求書 | レコードを作成 | アクションレイアウトエディタ | |

**画面4**で表示したい項目があれば、画面上部の項目一覧から、下のレイアウトにドラッグ＆ドロップします。

**画面4　グローバルアクション**

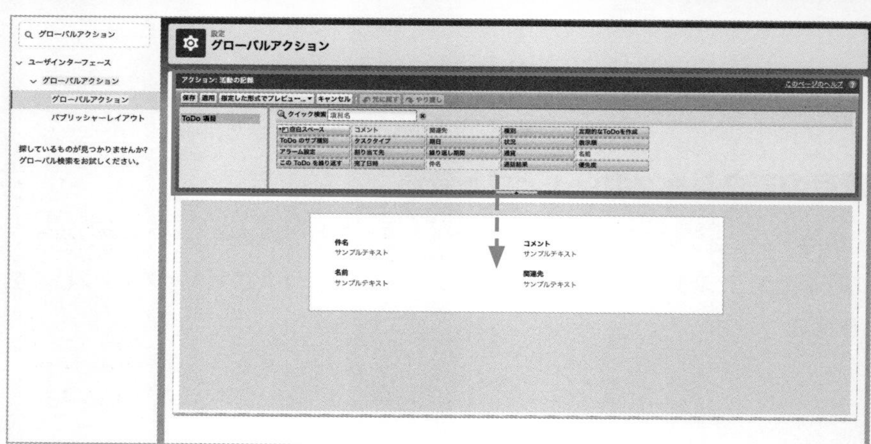


## ▶▶ グローバルパブリッシャーレイアウトの設定

**グローバルパブリッシャーレイアウト**は、グローバルページに表示するグローバルアクションを設定します。

グローバルパブリッシャーレイアウトの設定は、［パブリッシャーレイアウト］画

＊［パブリッシャーレイアウト］画面　［クイック検索］で「パブリッシャーレイアウト」を検索し、検索結果の［パブリッシャーレイアウト］をクリックすると表示される。

面*で行います。グローバルパブリッシャーレイアウトの［編集］をクリックし、表示するグローバルアクションを制御します（**画面5**）。

**画面5　ブリッシャーレイアウト**

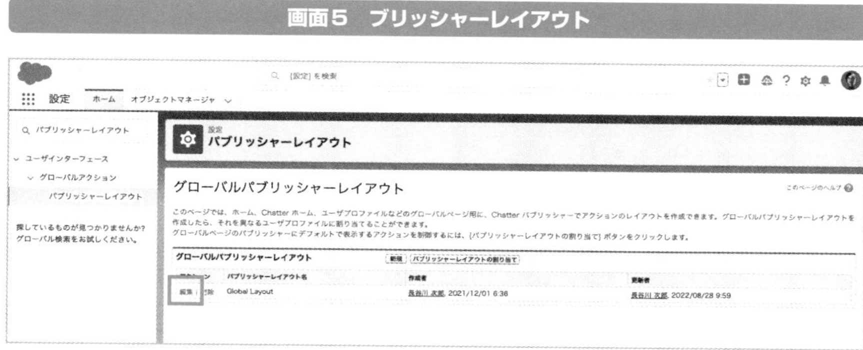


**画面6**で、表示したいグローバルアクションを［モバイルおよびLightningのアクション］の項目から［Salesforceモバイルおよび Lightning Experienceのアクション］にドラッグ＆ドロップで含めるようにします。

**画面6　パブリッシャーレイアウト**

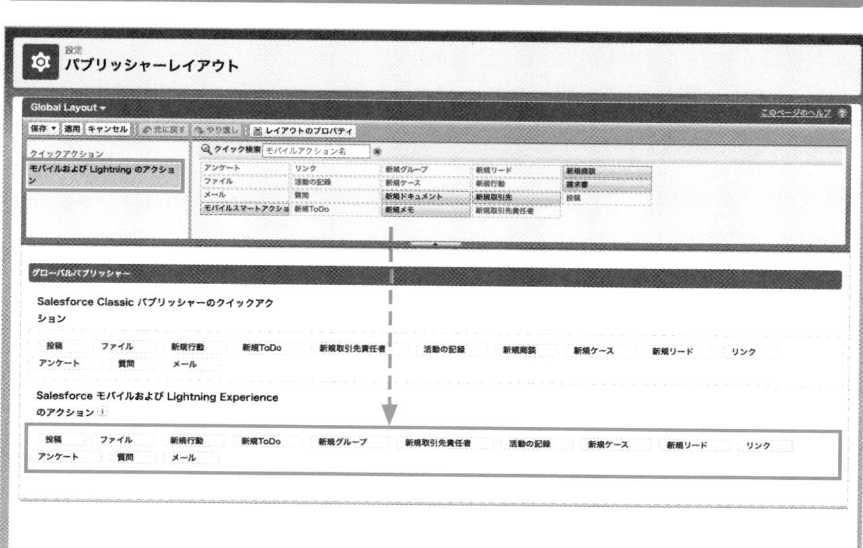

# 12-5

# テーマおよびブランドの設定

Salesforceの画面のヘッダーや背景色、ロゴなどを変更することができます。

## ▶▶ 配色やロゴの変更

Salesforceでは、**画面1**のように、画面上部のヘッダー部分の配色や背景色、画面左上のロゴの変更も可能です。

**画面1　テーマおよびブランドの設定のカスタマイズ後**

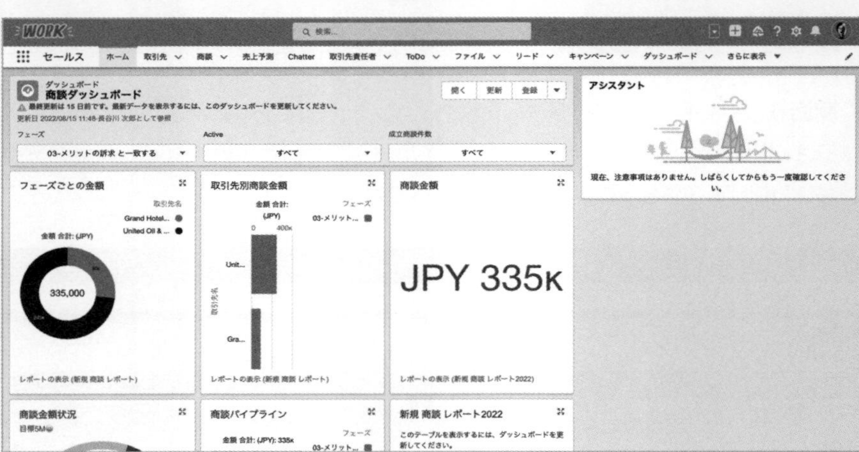


テーマおよびブランドの設定は、[テーマおよびブランドの設定] 画面*で行います。新規でテーマを作成する場合は、[新規テーマ] ボタンをクリックします (**画面2**)。

＊ **[テーマおよびブランドの設定] 画面**　[クイック検索] で「テーマ」を検索し、検索結果の [テーマおよびブランドの設定] をクリックすると表示される。

画面2 テーマおよびブランドの設定

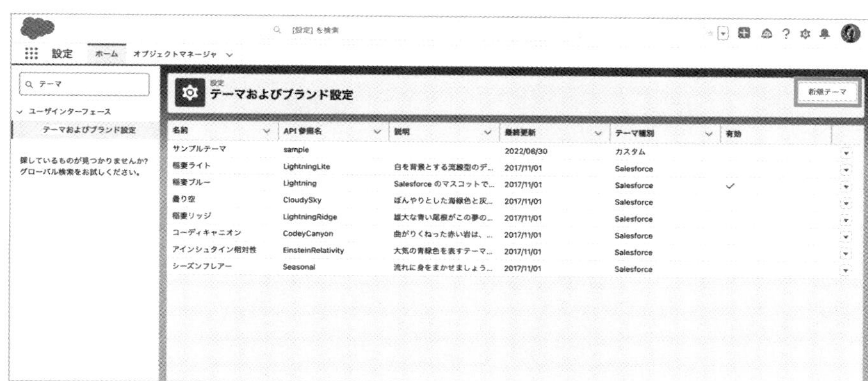


［新規カスタムテーマ］画面が表示されたら、［テーマ名］欄、［API 参照名］欄に入力し、必要に応じて、［ブランド画像（横600ピクセル×縦120ピクセル）］を設定します（**画面3**）。画面上部のヘッダーの色は［グローバルヘッダーの背景］で設定し、背景色は［ページ背景］で設定します。設定が終了したら［保存］ボタンをクリックします。

画面3 新規カスタムテーマ

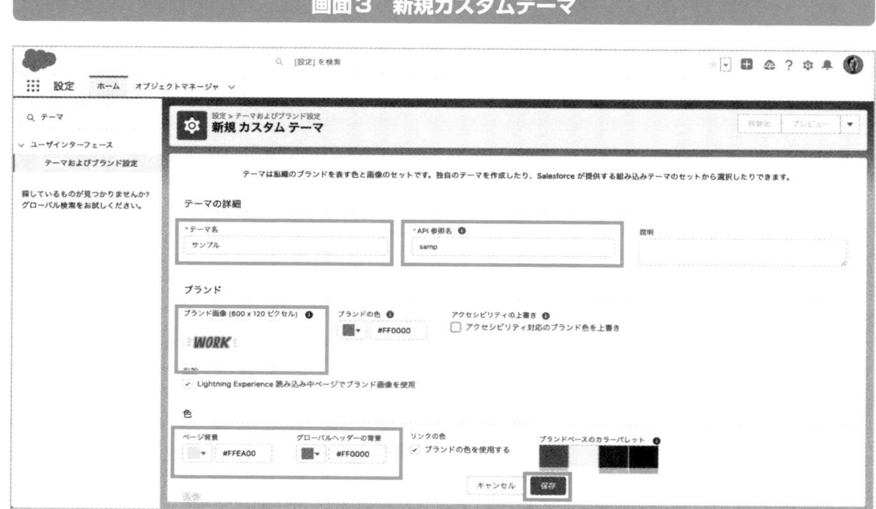

テーマの設定が終了したら、[有効化] ボタンをクリックして有効化を忘れずに行いましょう（**画面4**）。なお、有効 [有効化] ボタンの右隣に [プレビュー] ボタンがあるので、クリックするとレビュー画面が表示され、設定に問題ないか確認ができます。プレビュー画面を確認した場合は、プレビューを終了した後に有効化します。

**画面4　テーマを有効化**

# 12-6

# パスの設定

Salesforceには、レコードページに進捗状況などをよりわかりやすくするパスがあります。その設定方法を説明します。



## パスの使い方

［商談］タブを開くと、最初から設定されているフェーズの状況をわかりやすく可視化されている**矢羽型のパス**があります（**画面1**）。パスがあることで、進行状況が一目で確認ができます。変更したいフェーズがあればクリックして選択し、［現在のフェーズとしてマーク］をクリックすると、フェーズが変更されます。

**画面1　パスの表示**

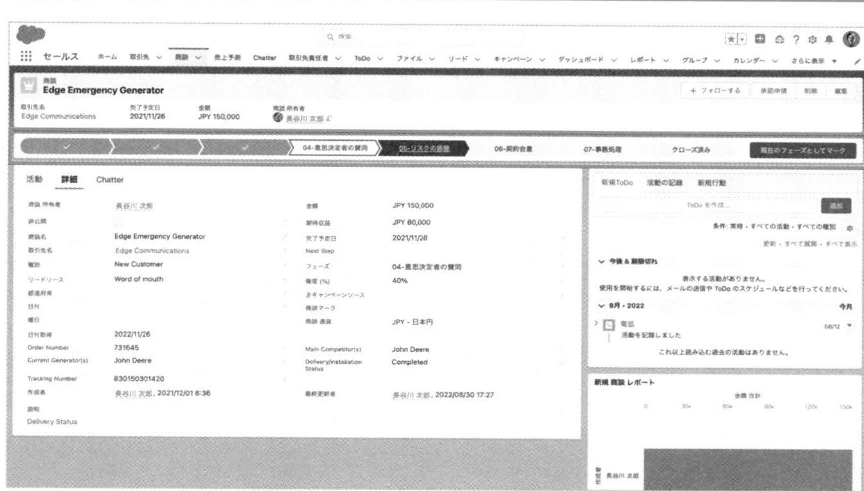


## パスの設定

パスの設定は、標準オブジェクト、カスタムオブジェクトの両方で設定が可能です。［パス設定］画面*で［有効化］ボタンをクリックすると、この［有効化］ボタンが［新しいパス］ボタンに変わるのでクリックします（**画面2**）。

* **［パス設定］画面**　［クイック検索］で「パス設定」を検索し、検索結果の［パス設定］をクリックすると表示される。

**画面2　パス設定**

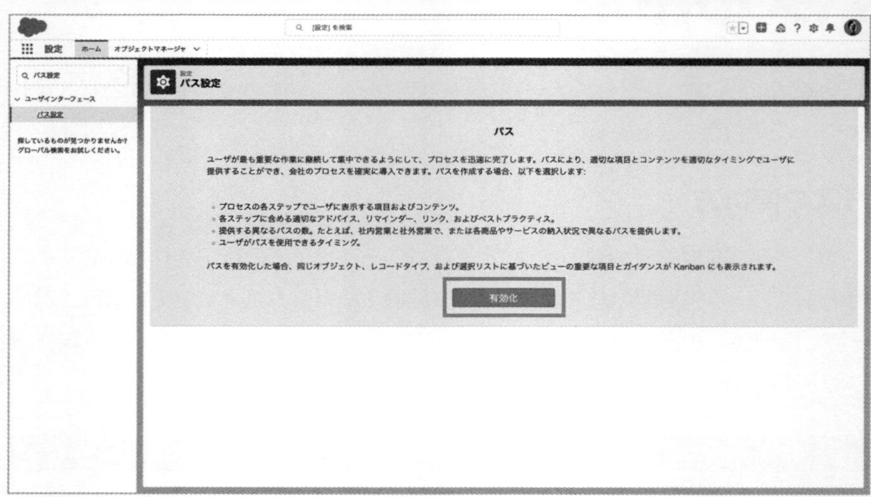


**画面3**で［パス名］欄、［API 参照名］欄に入力し、［オブジェクト］欄（今回はカスタムオブジェクトを選択しています）、［レコードタイプ］を作成していれば選択し、［選択リスト］はパスに設定する選択リストを選択します。設定が終わったら［次へ］ボタンをクリックします。

**画面3　ステップ① パスに名前を付けて、オブジェクトを選択**

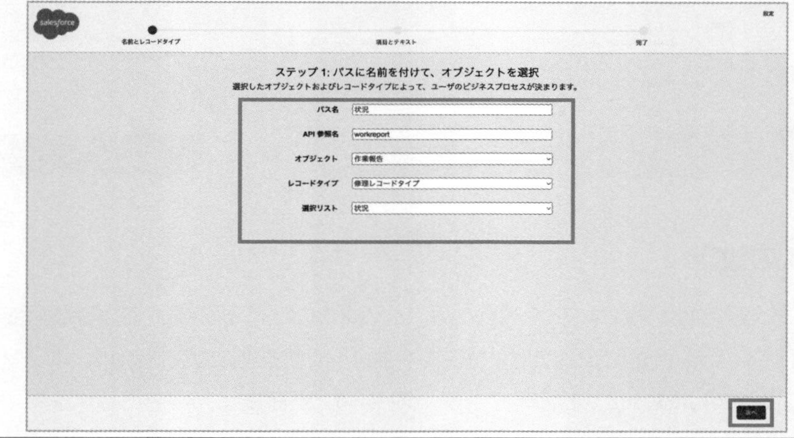

**画面4**が表示されたら、各ステップごとに入力項目を最大で5項目と［成功へのガイダンス］を設定します。［成功へのガイダンス］は、各ステップごとのヒントやアドバイス、注意事項などを記載しておくと良いでしょう。設定が完了したら、［次へ］ボタンをクリックします。

**画面4　ステップ② 項目を選択してパスの各ステップのガイダンスを入力**

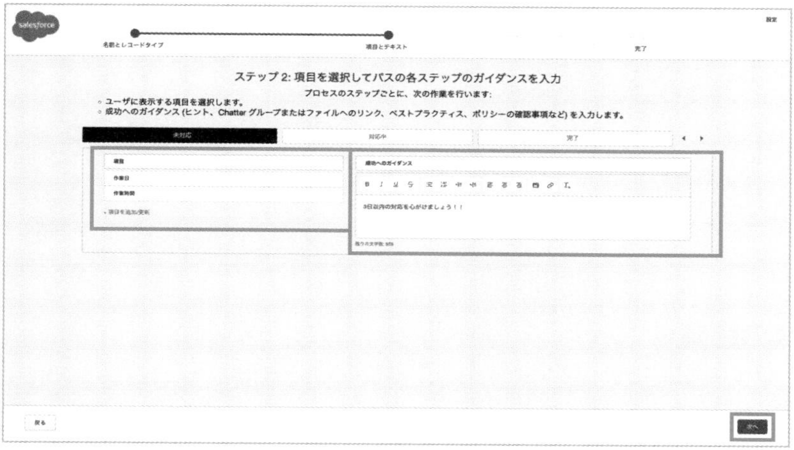

**画面5**では、［あなたのパスを有効化］のトグルスイッチをオンにします。また、［お祝いを有効化］のトグルスイッチもオンにし、特定のステップに達したら紙吹雪が表示される設定が可能なので、紙吹雪の表示するステップの指定と紙吹雪の表示される頻度を必要に応じて設定します。設定が終了したら［完了］ボタンをクリックします。

**画面5　ステップ③ パスとお祝いを有効化**

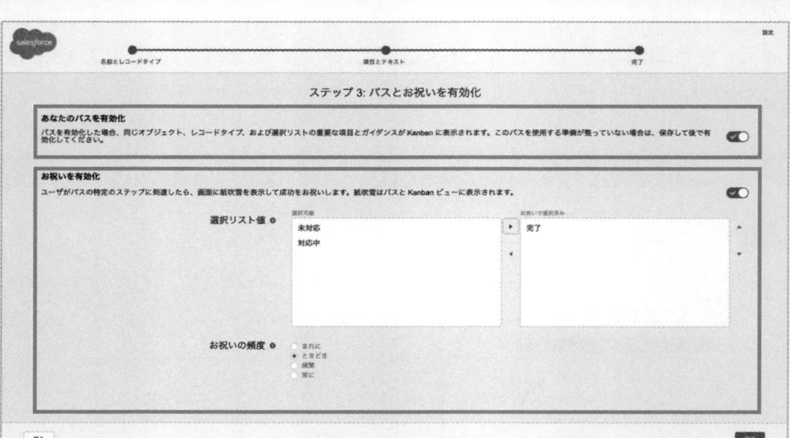


## パスの配置

パスの設定が完了したら、[パス] コンポーネントをレコードページに配置します。**画面6**で、画面3で指定したオブジェクトのレコードページを表示している状態で、画面右上の [歯車] アイコンから [編集] ページを選択し、[Lightningアプリケーションビルダー] を起動させます。[パス] コンポーネントをプレビュー画面の任意の場所に配置し、[保存] ボタンをクリックします。

**画面6　レコードページへパスコンポーネントの配置**

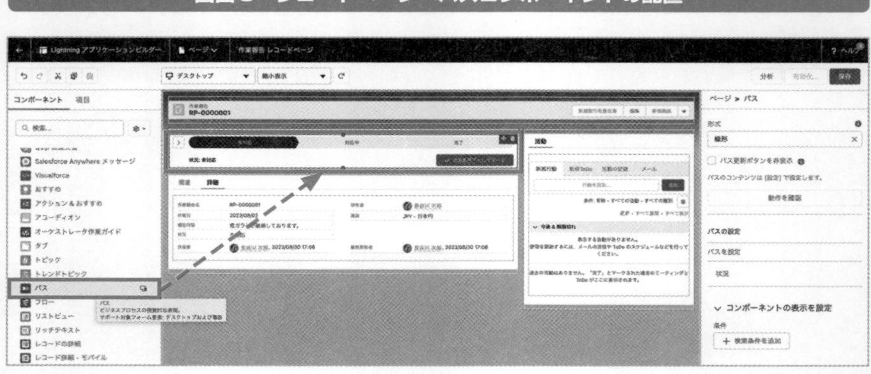

レコードページに反映されると、**画面7**のようになります。

**画面7　レコードページのパスの反映**

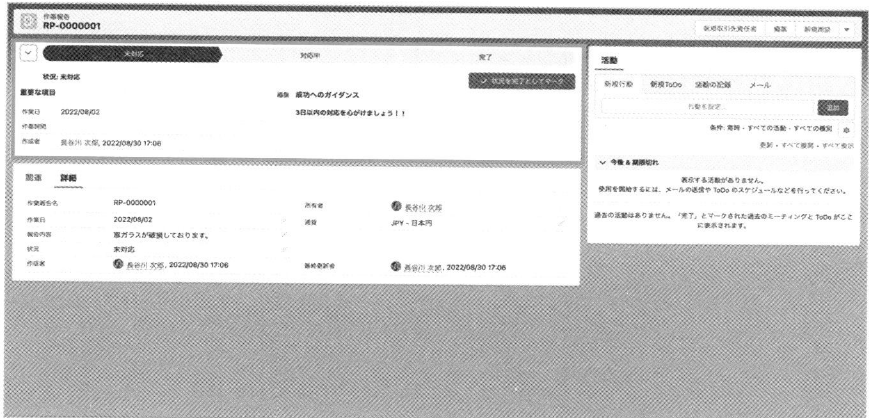

## 設定したらすぐにユーザに使ってもらう

　システム管理者が設定を反映させたら、すぐにユーザに使ってもらい、使用感をヒアリングしてユーザの声を元にブラッシュアップしていきましょう。必要な機能やユーザの要求をまとめる要件定義の打ち合わせのみでは、Salesforceの操作感はなかなか伝わりにくかったりします。それを解消するにはユーザに使用してもらって、意見をもらうのが一番です。

　システム管理者からの設定のリリースをしたら、ユーザにはすぐにリリース内容を使用して確認してもらい、操作感や項目や内容についてのフィードバックを早めにもらうようにしましょう。設定のリリースとフィードバックを何度も繰り返すことで、より良い機能や設定のゴールに向かいます。

COLUMN

## 全員参加の導入プロジェクト

Salesforceの導入プロジェクトは、「可能な限り、社内のユーザ全員で使う」ことを前提に進めましょう。ヒアリングの際、一部のユーザからヒアリングするのは危険です。ヒアリングされなかったユーザが疎外感を持ってしまう可能性があるからです。

全員のヒアリングが難しいのであれば、部署ごとでも構いません。Salesforceのユーザアカウントがあるのに、利用してないとなると、利用料が無駄になってしまいます。ユーザの最終ログイン日時を確認しながら、最終ログイン日時が今日からかなり前でしたら、なぜログインしないのかの原因を確認するようにしましょう。

# 第13章 Salesforce導入で最初にすること

Salesforceを導入したら、最初にやっておくべきことがあります。ユーザの作成やプロファイルの作成、会計年度の設定やログイン方法などを説明します。

図解入門
How-nual

# 13-1

# ログイン/ログアウトと管理者の設定

Salesforceでまずやるべきことは、ログインです。ログイン/ログアウトの方法と管理者の設定について説明します。

## Salesforceにログインする

Salesforceに**ログイン**するには、まずSalesforceのログイン画面にアクセスし、[ユーザ名] 欄と [パスワード] 欄に入力してログインします（**画面1**）。

画面1　Salesforceのログイン画面

パスワードを忘れた場合は、[パスワードをお忘れですか？] をクリックして、表示された画面の [ユーザ名] 欄に入力して [次へ] ボタンをクリックし、パスワードのリセットをします。次回からのログインをスムーズに行うためにも、Salesforceのログイン画面をブックマークしておくことをお勧めします。

▼ログイン | Salesforce

```
https://login.salesforce.com/
```

## Salesforceからログアウト

Salesforceから**ログアウト**する場合は、画面右上のユーザのアイコンをクリックし、[ログアウト] をクリックします (**画面2**)。

**画面2 Salesforceからログアウト**

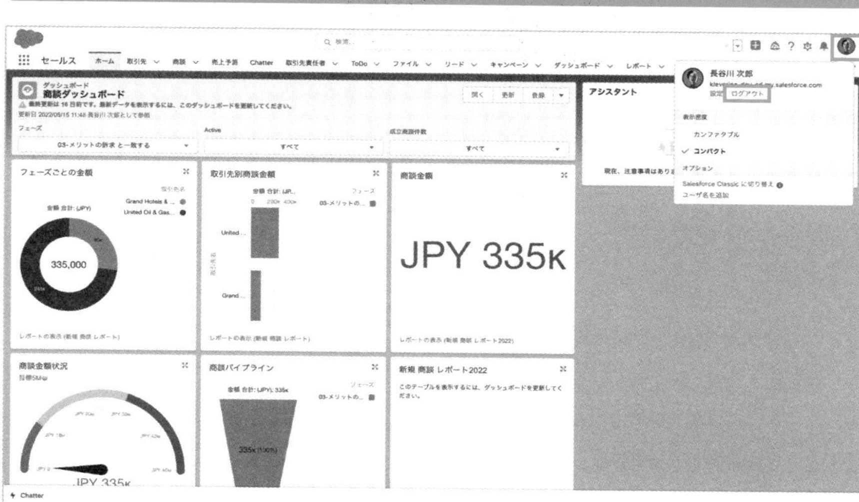


## 管理者の設定

システム管理者は、ユーザのログインに対して様々な設定ができます。

### ●セッションの設定

セッションタイムアウトの時間を変更できます。ログインしてから一連の操作や通信の連なりを**セッション**と言いますが、一定時間の無操作状態、無通信の状態が続いた時にセッションがタイムアウトされます。タイムアウトの時間になると、ログアウトか作業を続行するかの選択を促されます。このメッセージに応答しないと、ログアウトされます。

セッションの設定は、[セッションの設定] 画面*で行います (**画面3**)。[タイムアウト値] のデフォルト値は、2時間です。

* **[セッションの設定] 画面**　[クイック検索] で「セッションの設定」を検索し、検索結果の [セッションの設定] をクリックすると表示される。

画面3 セッションの設定

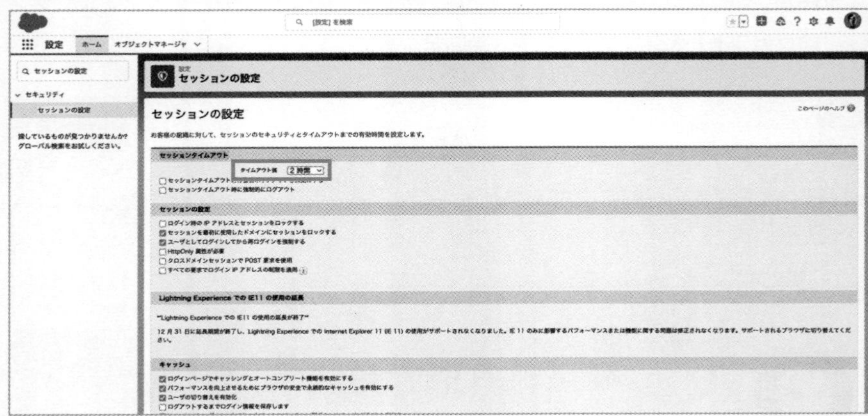


## ●パスワードポリシーの設定

パスワードポリシーの設定は、[パスワードポリシー] 画面*で行います (**画面4**)。[パスワードの有効期間] や [過去のパスワードの利用制限回数]、[最小パスワード長] などが変更できるので、必要に応じて設定します。

画面4 パスワードポリシー

設定 ホーム オブジェクトマネージャ

パスワードポリシー

パスワードの有効期間 無期限
過去のパスワードの利用制限回数 3回前のパスワードまで使用不可
最小パスワード長 8
パスワード文字列の制限 英字と数字を含める
パスワード質問の制限 パスワードを含めないこと
ログイン失敗によりロックするまでの回数 10
ロックアウトの有効期間 15分
セルフリセットに setPassword() API を使用することを許可

パスワードを忘れた場合/アカウントをロックした場合のサポート

API 限定ユーザの設定

保存 キャンセル

---

* **[パスワードポリシー] 画面** [クイック検索] で「パスワードポリシー」を検索し、検索結果の [パスワードポリシー] をクリックすると表示される。

# 13-2

# ユーザの作成

Salesforceユーザとしてログインする時、最初にユーザを作成しなくてはいけません。ユーザの作成方法を説明します。

## ユーザの新規作成

**ユーザ**の作成は、システム管理者が行います。[ユーザ] 画面*の [新規ユーザ] ボタンをクリックします (**画面1**)。

**画面1　ユーザ**

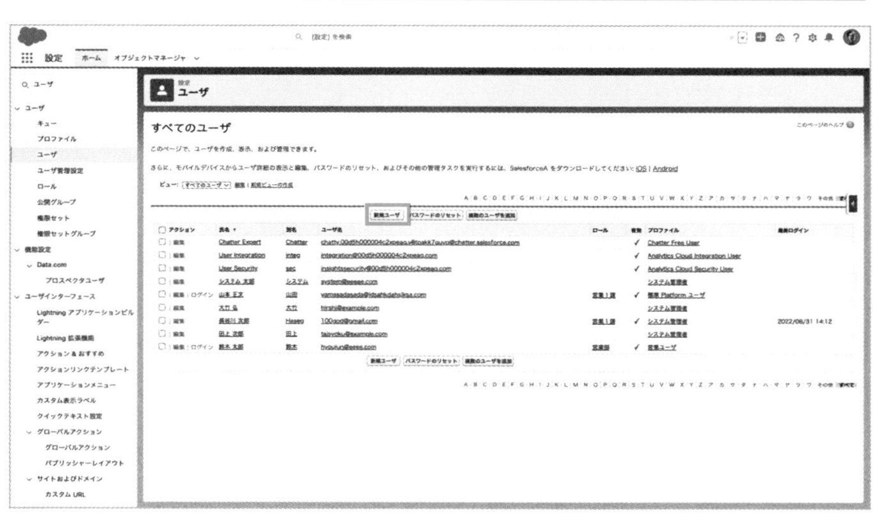


[ユーザの編集] 画面が表示されるので、必須項目を入力していきます (**画面2**)。[メール] 欄に入力すると、メールの入力内容が [ユーザ名] 欄にも反映されます。[ユーザ名] は、メールアドレス形式での入力が必要です。[ユーザライセンス] 欄と [プロファイル] 欄は、作成するユーザのアクセス権などを考慮しながら適宜設定します。必須項目を最低限入力したら、[保存] ボタンをクリックします。

* **[ユーザ] 画面**　[クイック検索] で「ユーザ」を検索し、検索結果の [ユーザ] をクリックすると表示される。

### 画面2 ユーザの編集

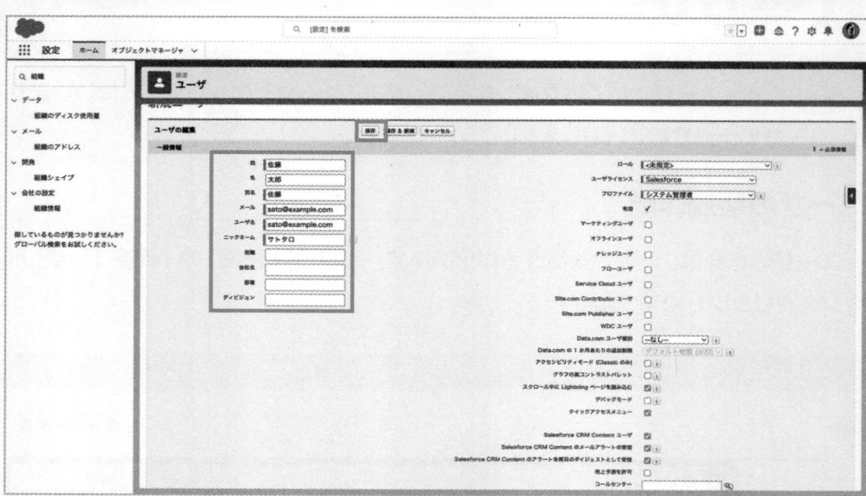


［メール］欄に入力したメールアドレスに、**画面3**のメールが届きますので［アカウントを確認］ボタンをクリックします。

### 画面3 Salesforceへようこそ

［パスワードを変更をする］画面が表示されたら、［新しいパスワード］欄と［新しいパスワードの確認］欄に入力し、［セキュリティの質問］*を設定します（**画面4**）。入力がすべて完了したら、［パスワードを変更］ボタンをクリックすると、Salesforceにログインができます。

**画面4　パスワードを変更する**

## 複数ユーザの追加

追加するユーザが複数の場合、［複数のユーザを追加］が便利です。画面1で［複数のユーザを追加］ボタンをクリックすると、**画面5**の［複数のユーザを追加］画面が表示されます。［ユーザライセンス］を選択後、複数ユーザの情報を入力し、［保存］ボタンをクリックすると、複数のユーザの作成が完了します。

* **［セキュリティの質問］**　パスワードを忘れてしまった時必要になるので、メモしておくことをお勧めします。

画面5　複数のユーザを追加

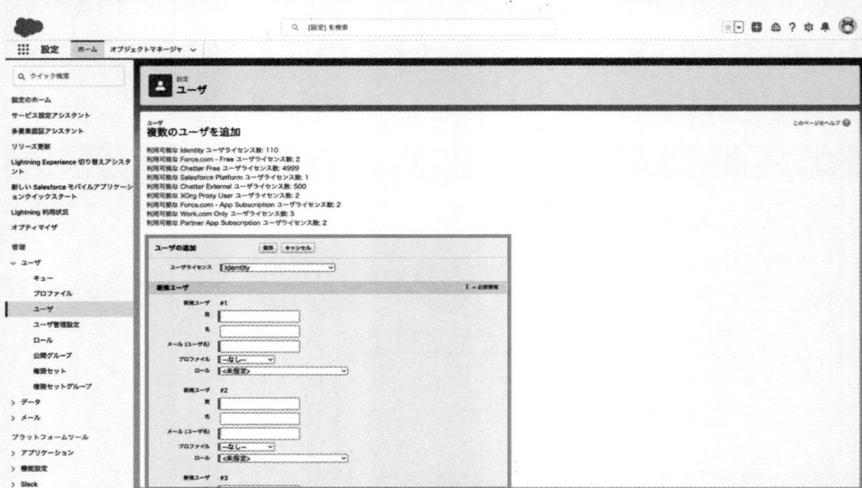

# 13-3

# プロファイルの設定

プロファイルは、ユーザがアクセスできる範囲を設定します。

## プロファイルの新規作成

**プロファイル**は、ユーザがオブジェクトやデータへアクセス範囲、アプリケーション内で実行できる範囲を定義し、各ユーザに割り当てるものです。

プロファイルの作成は、[プロファイル] 画面*で、[新規プロファイル] ボタンをクリックします（**画面1**）。

画面1　プロファイル

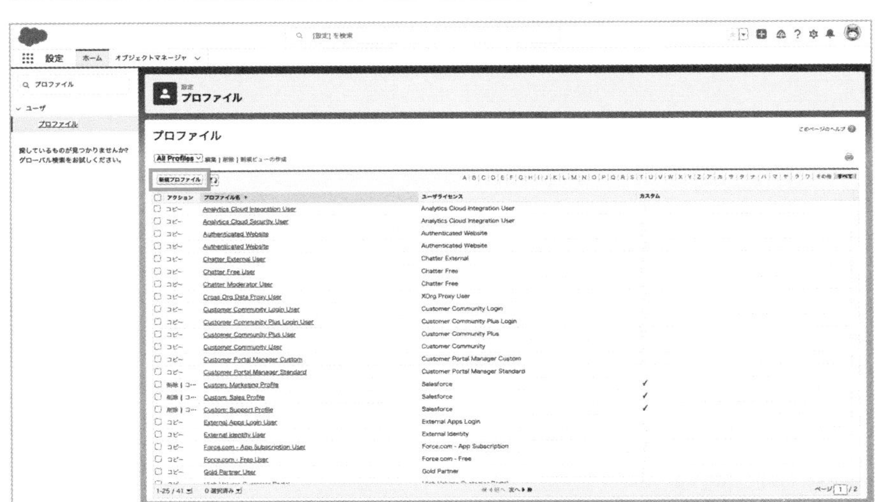


[プロファイルのコピー] 画面が表示されたら、プロファイルを作成するために、コピー元となる [既存のプロファイル] を選択し、[プロファイル名] 欄に任意の名前を入力します（**画面2**）。入力が終わったら [保存] ボタンをクリックします。

* **[プロファイル] 画面**　[クイック検索] で「プロファイル」を検索し、検索結果の [プロファイル] をクリックすると表示される。

画面2 プロファイルのコピー

続いて、作成したプロファイルの画面が表示されます（**画面3**）。[割り当てられたユーザ] ボタンで、プロファイルに割り当てられたユーザ一覧を確認ができます。[アプリケーション] の [オブジェクト設定] では、オブジェクトごとのアクセス権限とオブジェクト内の項目の1つ1つにアクセス権限の設定ができます。また、[割り当てられたアプリケーション] では、アプリケーションへのアクセスや、デフォルトのアプリケーションを設定ができます。

画面3 アプリケーション

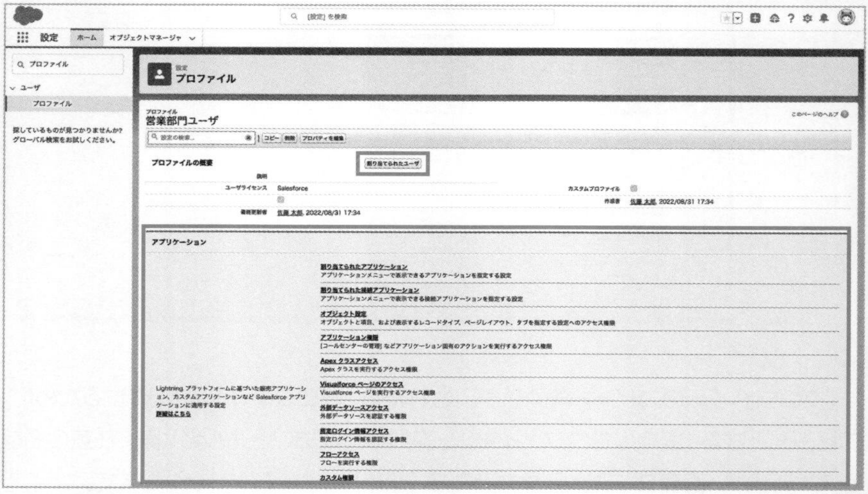

**画面3**を下にスクロールすると、［システム］の詳細が表示されます（**画面4**）。特に設定頻度が高いのが［システム権限］です。

**画面4　システム**

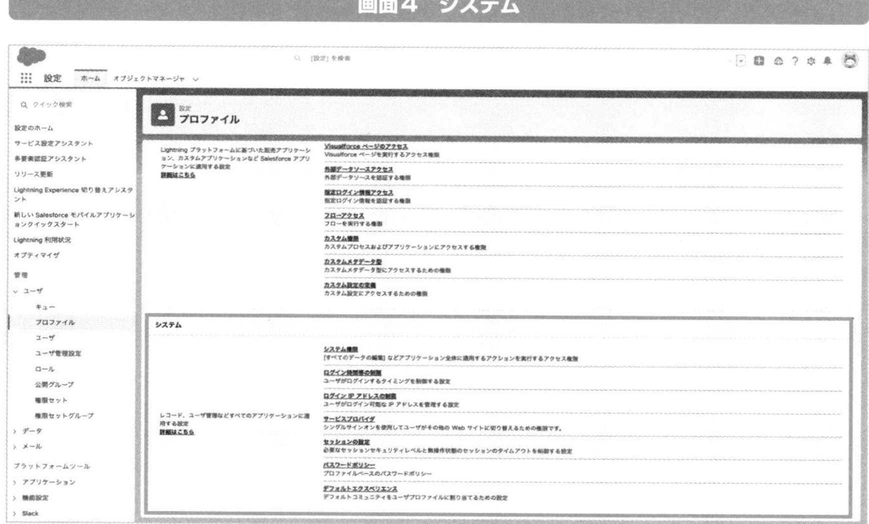


［システム権限］をクリックすると、［システム権限］の詳細が表示されます（**画面5**）。［編集］ボタンをクリックし、［権限の名前］の右側にあるチェックボックスを有効化します。

**画面5　システム権限**

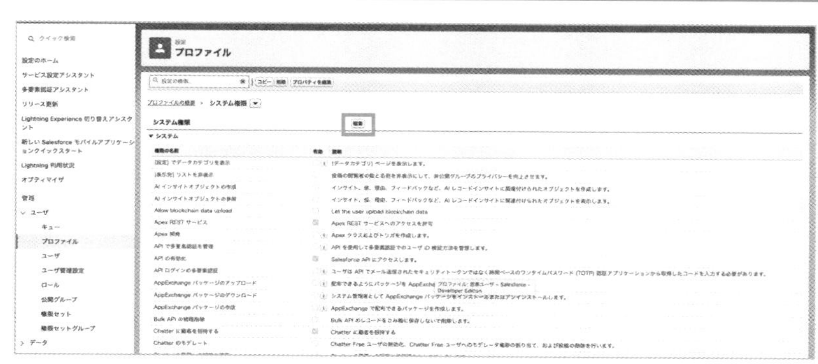

## ユーザのプロファイル変更

ユーザのプロファイルの変更は、まず［すべてのユーザ］画面*で、プロファイルを変更したいユーザの［編集］をクリックします（**画面6**）。

**画面6 すべてのユーザ**

［ユーザの編集］画面が表示されたら［プロファイル］欄で変更したいプロファイルを選択し、［保存］ボタンをクリックすると、プロファイルの変更が完了します（**画面7**）。

**画面7 ユーザの編集**

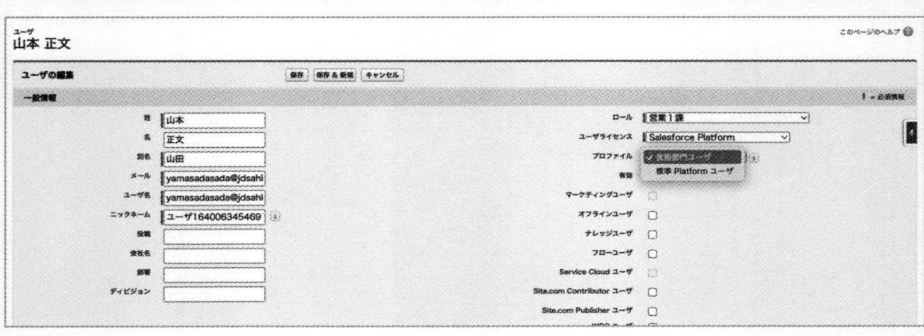


* **［ユーザ］画面** ［クイック検索］で「ユーザ」を検索し、検索結果の［すべてのユーザ］をクリックすると表示される。

# 第14章 AppExchangeによる拡張

Salesforceには、AppExchangeというアプリストアがあります。アプリストアからインストールするだけで、様々な機能が拡張します。

# 14-1 開発コストを抑えるAppExchange

AppExchangeはインストールするだけで、Salesforceを手軽に機能拡張ができるアプリが販売されています。

## インストールするだけで機能拡張

**AppExcahnge**（アップエクスチェンジ）では、Salesforceにインストールできるアプリを販売しています（**画面1**）。インストールするだけでSalesforceの機能を拡張ができ、インストール直後から使用が可能なので、開発費用を抑えることができます。また、すべてが有料ではなく、無料のアプリも多数あります。

インストールは、Salesforceのアカウントがあればいつでもインストールが可能です。

**画面1　AppExchangeアップエクスチェンジ**

▼AppExchange
`https://appexchangejp.salesforce.com/`

AppExchangeのWebサイトの上部に検索欄があるので、キーワードを入力すると、検索結果としてアプリ一覧が表示されます（**画面2**）。さらに画面左側で条件を指定して、［フィルタを適用］ボタンをクリックすると、条件を絞ることもできます。

**画面2 AppExchange検索結果画面**

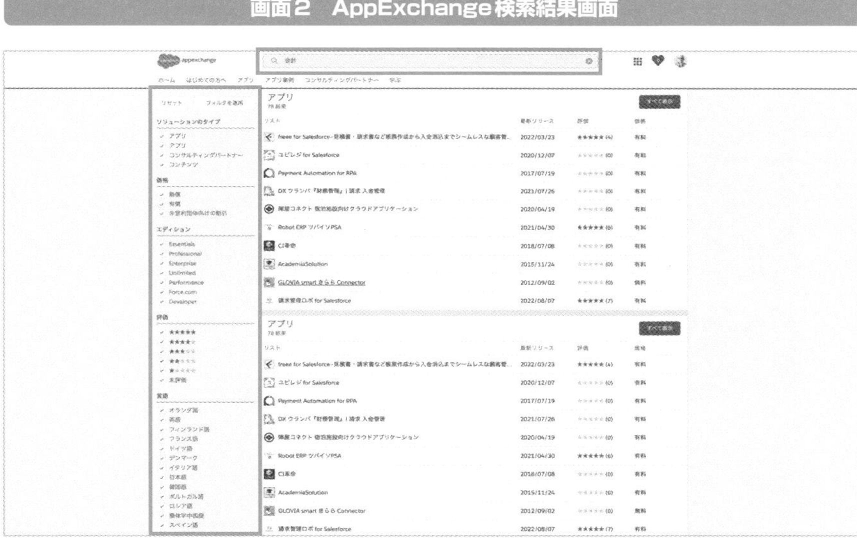

また、［アプリ］タブをクリックすると、業界別コレクションと業種別コレクションで分けられているので、そちらから探す方法もあります（**画面3**）。

**画面3 AppExchange業界別/業種別コレクション**

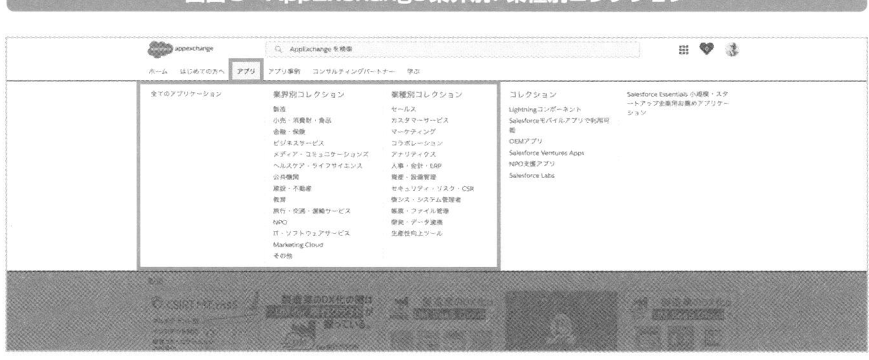

例えば、製造業のアプリを探している場合、業界別コレクションで［製造］をクリックすると、製造業のアプリが一覧で表示されます（**画面4**）。

**画面4　AppExchange業界別-製造**

アプリだけではなく、［コンサルティングパートナー］タブでは、Salesforceの専門知識を持つコンサルティングパートナーを探すことができます。コンサルティングパートナーは、Salesforceの導入支援や定着サービスを提供します。

# 14-2

# アプリケーションのインストール

AppExchangeからアプリをインストールする方法を説明します。

## AppExchangeのアプリ詳細画面からインストール

アプリをインストールするには、まずAppExchangeのインストールしたいアプリの詳細画面に移動します（**画面1**）。この時点でログインしていない場合は、画面右上の［ログイン］からログインしておきます。ログインには、Salesforceのユーザ名とパスワードが必要です。そして、ログインした状態で［今すぐ入手］ボタンをクリックします。

**画面1　AppExchangeのアプリ詳細**

[このパッケージをどこにインストールしますか？] 画面が表示されるので、[本番環境にインストール] ボタンをクリックします (**画面2**)。Sandbox*で試したい場合は、[Sandboxにインストール] をクリックします。

**画面2　このパッケージをどこにインストールしますか？**

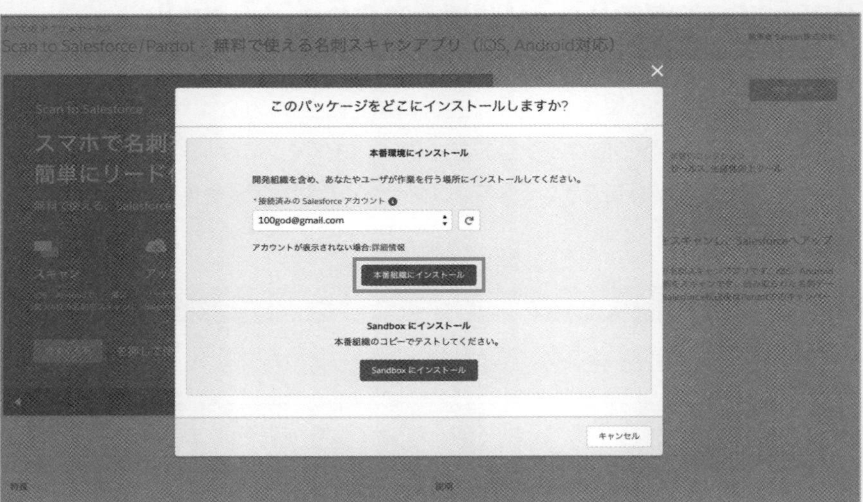


[インストールの詳細を確認] 画面で契約条件を確認し、[私は契約条件を読み、同意します] にチェックを入れて、[確認してインストール] ボタンをクリックします (**画面3**)。Salesforceのログイン画面が表示されたら、再度ログインしてください。

* **Sandbox**　本番環境のコピーができる検証用の組織。Sandbox内での検証作業は、本番環境に影響を受けないので、本番環境の業務を中断させることなく自由に検証ができる。

**画面3 インストールの詳細を確認**

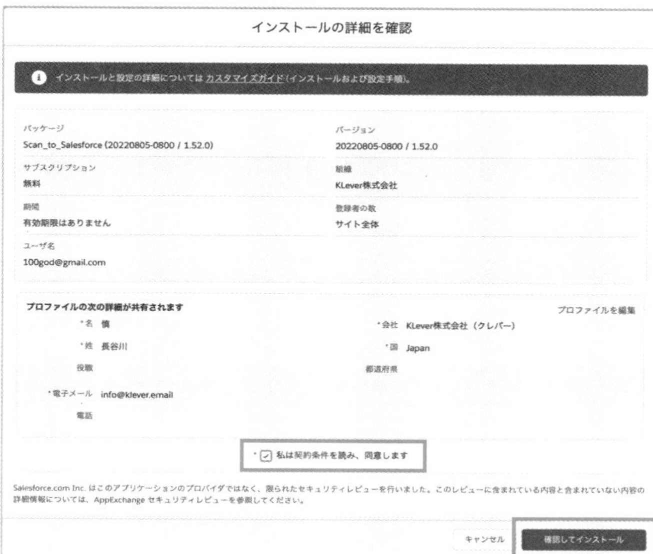


**画面4**のインストール画面が表示されたら、下記の3つのプロファイルから必要に応じたプロファイルを選択し、[インストール] ボタンをクリックします（画面4）。

**①管理者のみのインストール**
**②すべてのユーザにインストール**
**③特定のプロファイルにインストール...**

画面4 インストール画面

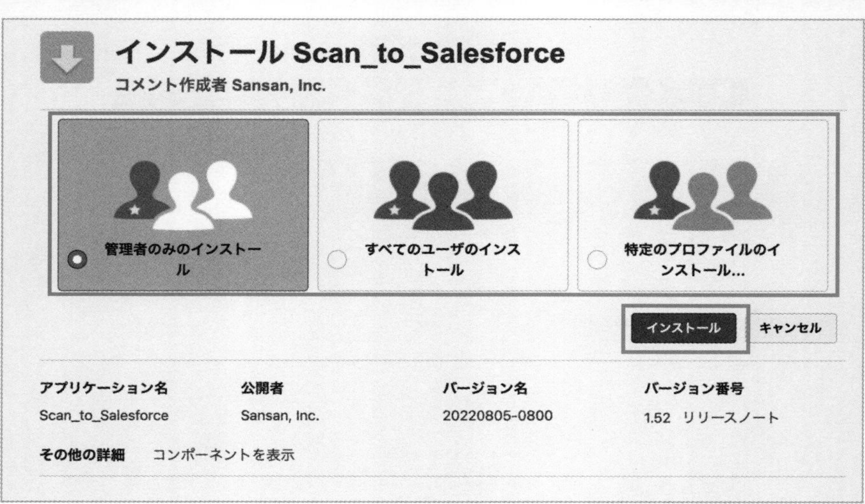


インストールが完了すると、**画面5**が表示されます。アプリごとに初期設定があるので、アプリページで共有されているマニュアルがあればそちらを参考に初期設定をします。

画面5 インストール完了画面

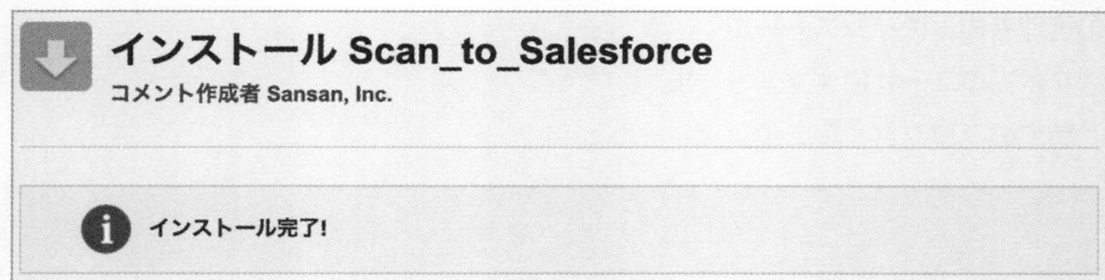

## インストールの確認

インストールの確認は、[設定] の [クイック検索] で「インストール済み」を検索し、[インストール済みパッケージ] をクリックすると表示される [インストール済みパッケージ] 画面で行います (**画面6**)。インストールされている一覧が表示されるので、インストール済みのアプリなどを確認ができます。

**画面6 インストール済みパッケージ**

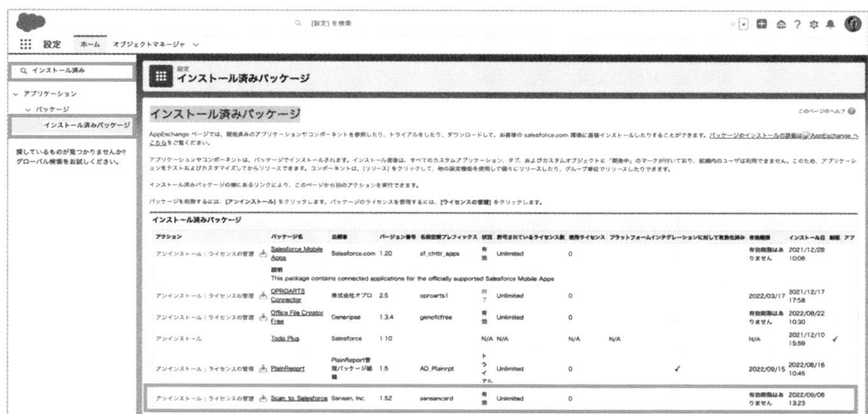

# 14-3

# 無料のおすすめアプリ

AppExchangeで無料のおすすめアプリを紹介します。

## Scan to Salesforce/Pardot

**Scan to Salesforce/Pardot**は、名刺をスキャンするアプリです（**画面1**）。読み取られた名刺データは、Salesforceのリードまたは取引先責任者に送信が可能です。名刺の画像もレコードに添付が可能です。iOS、Androidのアプリから１度に最大４枚までスキャンが可能です。

画面1　Scan to Salesforce/Pardot

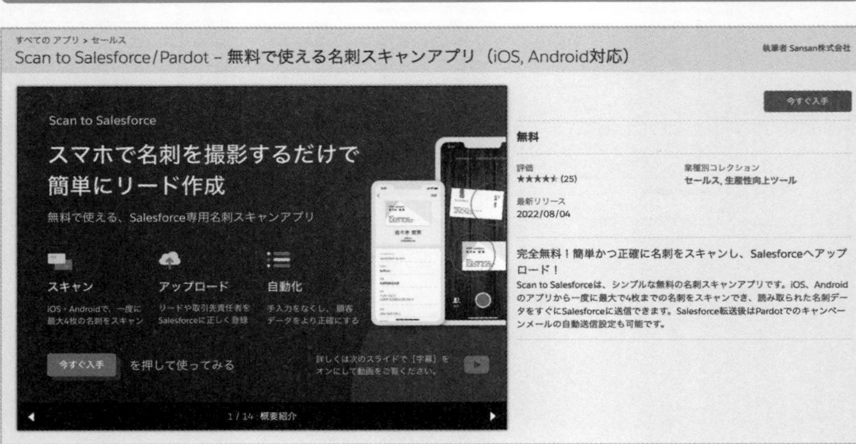


▼Scan to Salesforce/Pardot - 無料で使える名刺スキャンアプリ

`https://appexchangejp.salesforce.com/appxListingDetail?listingId=a0N3A00000G0yJkUAJ`

## Record Hunter

**Record Hunter**は、Salesforce上のレコードを検索する画面をプログラミングなしで作成ができるアプリです（**画面2**）。

**画面2 Record Hunter**

▼Record Hunter
`https://appexchangejp.salesforce.com/appxListingDetail?listingId=a0N3A00000FeGdYUAV`

## 今日から使えるサクセスダッシュボード

**今日から使えるサクセスダッシュボード**は、12種類のダッシュボードをインストールができます（**画面3**）。ダッシュボードをゼロから作成する必要がないので、Salesforce導入初期などに便利で、すぐに利用できます。ユーザのログイン状況やデータ蓄積確認、顧客分析などが含まれています。まずはダッシュボードを試したい方におすすめです。

**画面3 今日から使えるサクセスダッシュボード**

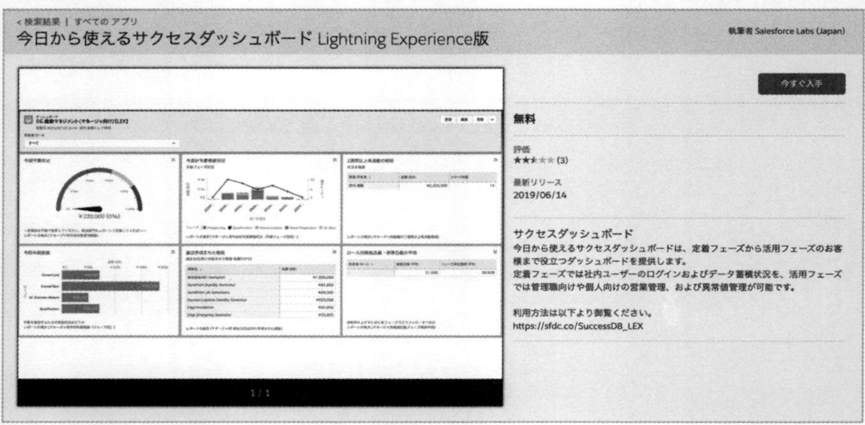


▼今日から使えるサクセスダッシュボード Lightning Experience版

```
https://appexchangejp.salesforce.com/appxListingDetail?listing
Id=a0N3A00000FR65mUAD
```

# 14-4

# 有料のおすすめアプリ

AppExchangeで有料のおすすめアプリを紹介します。

## oproarts Connector

oproarts Connectorは、プログラム知識が一切なくても、帳票のデザインやプリントアウトができるアプリです（**画面1**）。Excelでテンプレートを作成し、書式・関数などをアプリでも継承できるので、作成がスムーズです。デザイン変更などにも柔軟に対応できるのが魅力です。

**画面1　oproarts Connector**

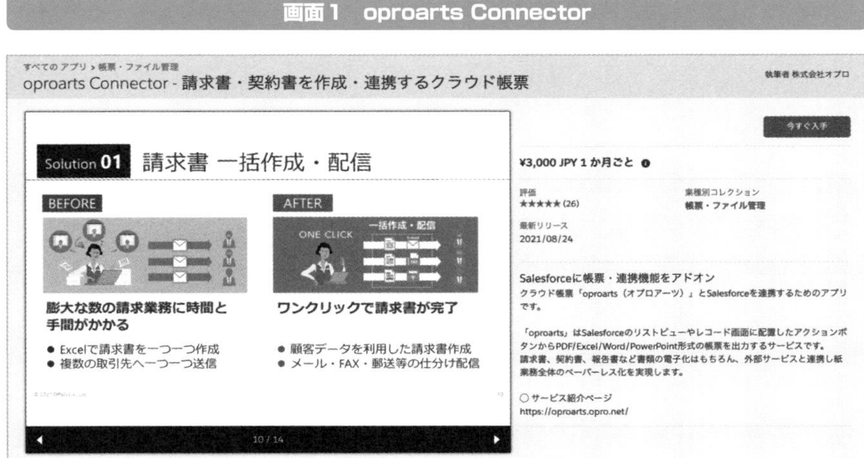


▼oproarts Connector

```
https://appexchangejp.salesforce.com/appxListingDetail?listing
Id=a0N30000008YEhhEAG
```

## freee for Salesforce

**freee for Salesforce**は、請求書作成・見積書作成や債権管理、入金消込がシームレスかつ手軽に運用できるアプリです（**画面2**）。商談オブジェクトやカスタムオブジェクトで連携し、見積書、請求書が出力できます。また、入金情報もSalesforceで確認が可能です。

画面2 freee for Salesforce

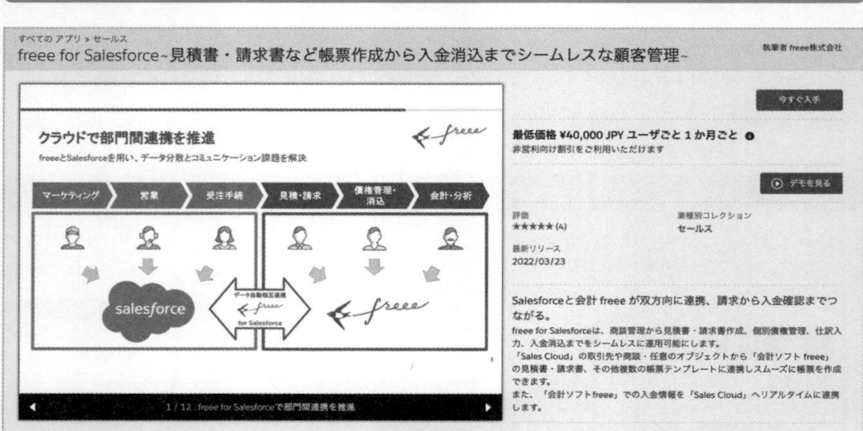


▼freee for Salesforce

```
https://appexchangejp.salesforce.com/appxListingDetail?listing
Id=a0N3A00000ErFSTUA3
```

## Box for Salesforce

**Box for Salesforce**は、Salesforceと連携できる無制限のクラウドストレージです（**画面3**）。Box*の画面をSalesforce上に埋め込めるので、Salesforce上でBoxのフォルダを扱えます。また、様々なファイル形式が保存可能でバージョン管理、アクセス権限管理できますのでチームでの共同作業が可能です。

---

* **Box** ビジネスに特化したクラウドコンテンツ管理プラットフォーム。ビジネス向けのプランでは保存容量が無制限で、場所やデバイスにとらわれず、ビジネスファイルにセキュアにアクセスすできる特徴がある。

画面3　Box for Salesforce

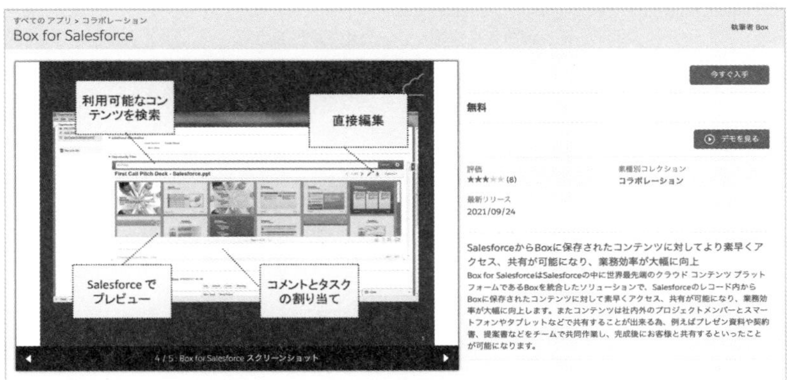


▼Box for Salesforce
**https://appexchangejp.salesforce.com/appxListingDetail?listingId=a0N3000000B4FmeEAF**

## RaySheet

**RaySheet**は、使い慣れているExcelのようなシートをSalesforceに埋め込み、Salesforceのデータを入力できるアプリです（**画面4**）。埋め込んだシートに条件付き書式なども設定が可能です。

画面4　RaySheet

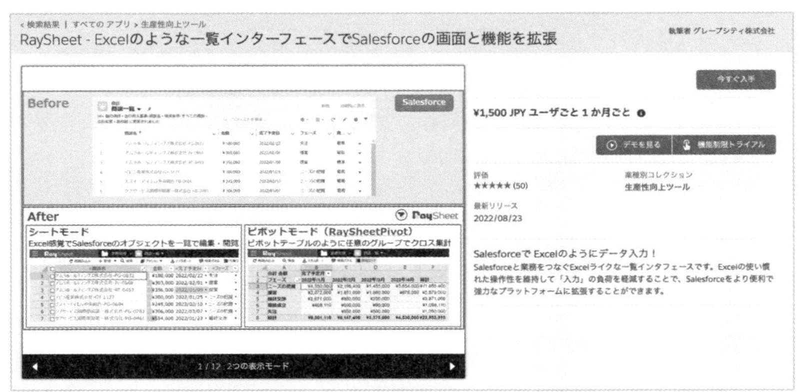

▼RaySheet - Excelのような一覧インターフェースでSalesforceの画面と機能を拡張

```
https://appexchangejp.salesforce.com/appxListingDetail?listing
Id=a0N3A00000ERkgOUAT
```

COLUMN

## 定例会で社内勉強会

Salesforce導入プロジェクトが開始後、推進者を中心に社内で定期的に勉強会を行なうことで、定着化への課題が顕在化します。

Salesforceのパートナー企業が自社のSalesforceの設定を代行している場合は、パートナー企業が自社に操作方法や定着化支援をしてくれますが、自社でも利用者に向けて社内勉強会を行なってみましょう。社内勉強会を行うことで部署・課・ユーザごとの課題が見えてきますし、現時点わからない部分を共有し、お互いに理解を深めていくことで効率よく定着化します。

自社の推進者が説明することが、推進者のSalesforceの知識を整理できる場としてもとても効果的です。事前に資料と議題を用意し、社内勉強会に臨みましょう。利用者もまた社内勉強会が行われているため、発言しやすいという利点もあります。可能であれば、大きめのモニターでSalesforceの画面を投影したり、Web会議などで画面共有などの実際の画面を見てもらうのが効果的です。

# 第15章

# Salesforceでキャリアアップ

Salesforceには認定資格などがあり、知識・経験を積み重ねキャリアアップにつながります。またパートナープログラムも用意されているのでユーザ企業からパートナー企業へという道もあります。

# 15-1

# Salesforce認定資格

Salesforceでキャリアアップを目指すのであれば、認定資格の取得は有効な手段と言えます。

## Salesforce資格一覧

Salesforceには、**認定資格**が多数あります。Salesforceでキャリアアップを目指すのであれば、資格取得も視野に入れておくと良いでしょう。本書執筆時（2022年11月現在）の資格一覧です。

### ●管理者/CRMコンサルタント

・Salesforce 認定アドミニストレーター
・Salesforce 認定上級アドミニストレーター
・Salesforce 認定 Experience Cloud コンサルタント
・Salesforce 認定 Sales Cloud コンサルタント
・Salesforce 認定 Service Cloud コンサルタント
・Salesforce 認定 Field Service コンサルタント
・Salesforce 認定 Education Cloud コンサルタント
・Salesforce 認定 Nonprofit Cloud コンサルタント
・Salesforce 認定 OmniStudio コンサルタント

### ●アプリケーション構築者

・Salesforce 認定 Platform アプリケーションビルダー

### ●開発者

・Salesforce 認定 Platform デベロッパー
・Salesforce 認定上級 Platform デベロッパー
・Salesforce 認定 B2C Commerce デベロッパー
・Salesforce 認定 JavaScript デベロッパー

・Salesforce 認定 OmniStudio デベロッパー

### ●アーキテクト

・Salesforce 認定 Development Lifecycle and Deployment アーキテクト
・Salesforce 認定 Identity and Access Management アーキテクト
・Salesforce 認定 Integration アーキテクト
・Salesforce 認定 Data アーキテクト
・Salesforce 認定 Sharing and Visibility アーキテクト
・Salesforce 認定 B2C Commerce アーキテクト
・Salesforce 認定 B2C ソリューションアーキテクト
・Salesforce 認定 Heroku アーキテクト
・Salesforce 認定システムアーキテクト
・Salesforce 認定アプリケーションアーキテクト
・Salesforce 認定テクニカルアーキテクト

### ●CRM ANALYTICS

・Salesforce 認定 CRM Analytics and Einstein Discovery コンサルタント

### ●PARDOT

・Salesforce 認定 Pardot スペシャリスト
・Salesforce 認定 Pardot コンサルタント

### ●MARKETING CLOUD

・Salesforce 認定 Marketing Cloud アドミニストレーター
・Salesforce 認定 Marketing Cloud メールスペシャリスト
・Salesforce 認定 Marketing Cloud コンサルタント
・Salesforce 認定 Marketing Cloud デベロッパー

### ●CPQ

・Salesforce 認定 CPQ スペシャリスト

## 資格受験方法

受験方法は2種類あり、オンラインと既定のテストセンターで受験可能です。試験には2種類の身分証明書が必要となります。

▼試験会場について

```
https://tandc.salesforce.com/exam-station
```

▼受験当日の持ち物および注意事項

```
https://tandc.salesforce.com/webassessor-notice
```

## 合否の結果

合否の結果は、試験終了後に受験したパソコンに表示され、結果はメールでも送られます。合格の場合、資格の認定ロゴもダウンロードできるのでWebサイトや名刺などでアピールしましょう。

## Salesforce認定資格試験前の準備

最初に、学習ガイドを確認します（**画面1**）。出題範囲や合格点をしっかりと確認した上で学習を始めましょう。

**画面1　Salesforce資格一覧ページ**

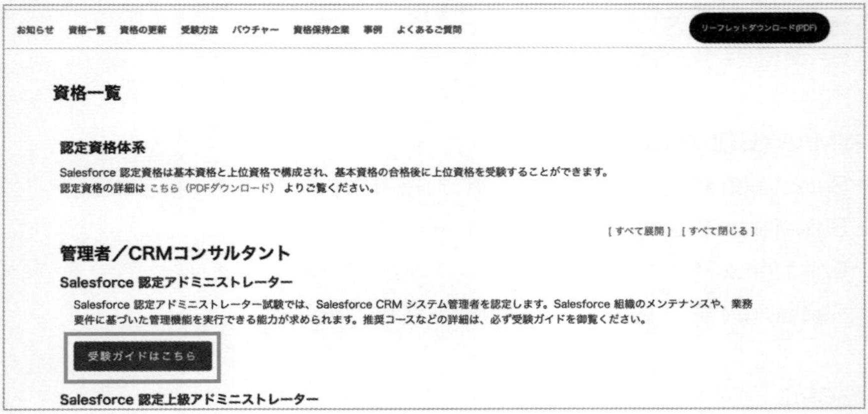

▼Salesforce資格一覧
```
https://tandc.salesforce.com/credentials
```

Salesforce資格一覧のページより受験対象の資格に受験ガイドがあります。

## 不合格の場合、再受験までは短く

不合格になってしまった場合、再受験まであまり時間を空けないことをお勧めします。可能であれば、せっかく積み上げた知識がなくならないうちに再受験しておきましょう。

## 学習コンテンツ

Salesforceの集合研修コース(有料)や、受験ガイドに記載されているTrailhead(無料)で学習が可能です。

# 15-2 コンサルティングパートナー

コンサルティングパートナーは、お客様の導入・開発をサービスとして提供しているパートナーです。

## ▶▶ コンサルティングパートナーになるためには

**コンサルティングパートナー**は、Salesforce製品の導入・開発サービスをお客様に提供します。コンサルティングパートナーになるためには、パートナー募集ページより説明会に申し込みます（**画面1**）。説明会は、オンラインで無料になっています。

画面1　Salesforceパートナー募集ページ

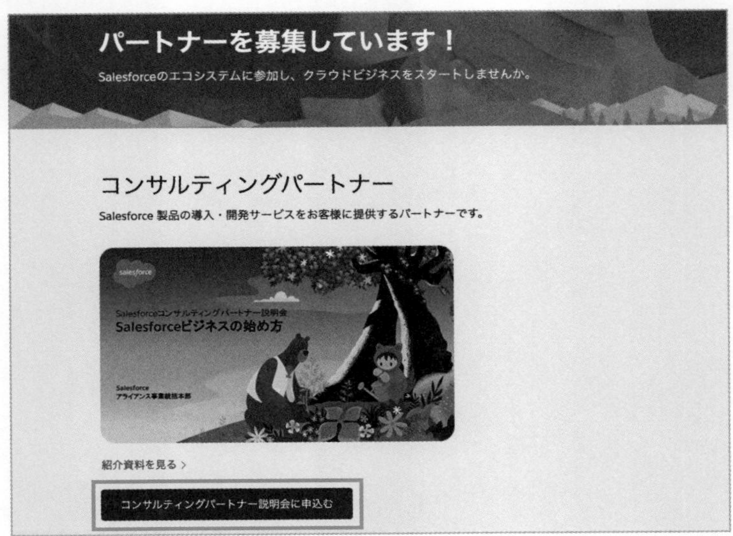


▼Salesforceパートナー募集ページ
https://www.salesforce.com/jp/partners/partner-programs/overview/

**画面2**のコンサルティングパートナー説明会申し込みフォームに、必要事項を入力して申し込みをします。

**画面2 コンサルティングパートナー説明会申し込みフォーム**

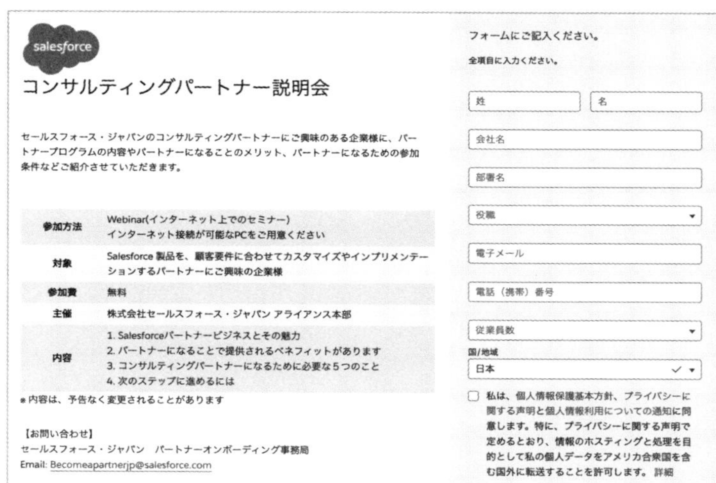

salesforce

コンサルティングパートナー説明会

セールスフォース・ジャパンのコンサルティングパートナーにご興味のある企業様に、パートナープログラムの内容やパートナーになることのメリット、パートナーになるための参加条件などご紹介させていただきます。

| | |
|---|---|
| 参加方法 | Webinar(インターネット上でのセミナー)<br>インターネット接続が可能なPCをご用意ください |
| 対象 | Salesforce 製品を、顧客要件に合わせてカスタマイズやインプリメンテーションするパートナーにご興味の企業様 |
| 参加費 | 無料 |
| 主催 | 株式会社セールスフォース・ジャパン アライアンス本部 |
| 内容 | 1. Salesforceパートナービジネスとその魅力<br>2. パートナーになることで提供されるベネフィットがあります<br>3. コンサルティングパートナーになるために必要な5つのこと<br>4. 次のステップに進めるには |

*内容は、予告なく変更されることがあります

【お問い合わせ】
セールスフォース・ジャパン パートナーオンボーディング事務局
Email: Becomeapartnerjp@salesforce.com

フォームにご記入ください。

全項目に入力ください。

姓
名
会社名
部署名
役職
電子メール
電話（携帯）番号
従業員数
国/地域
日本

私は、個人情報保護基本方針、プライバシーに関する声明と個人情報利用についての通知に同意します。特に、プライバシーに関する声明で定めるとおり、情報のホスティングと処理を目的として私の個人データをアメリカ合衆国を含む国外に転送することを許可します。 詳細

## 必要な6ステップ

コンサルティングパートナーになるために必要な6ステップは、次の通りです(2022年11月現在)。

**①ビジネスプランアンケートの記入・提出**
**②ビジネスプランミーティング（Web会議）実施**
**③コンサルティングパートナー参加登録**
**④デューデリジェンス質問票・コンプライアンス誓約書の提出**
**⑤Partner Communityログイン・初期費用（1万円）のお支払い**
**⑥6ヶ月以内に特定の認定資格を2資格取得**

⑥のコンサルティングパートナーに申し込み後、6ヶ月以内で2資格を取得しなくてはいけないので、余裕を持って資格取得に向けて準備しましょう。

コンサルティングパートナーになるためにSalesforceを自社活用していることを勧められます。当然ですが、お客様への説得力に関わってくる部分ですので、自社でSalesforceを導入していない場合、可能であれば事前に導入しておきましょう。

# 15-3

# AppExchangeパートナー

AppExchangeパートナーは、Salesforce上で構築したアプリをAppExchangeで販売しているパートナーです。

## AppExchangeパートナーになるためには

**AppExchangeパートナー**は、Salesforce上にアプリケーションを構築し、自社アプリをAppExchange上でお客様に提供します。AppExchangeパートナーになるためには、パートナー募集ページより説明会に申し込みます（**画面1**）。説明会は、オンラインで無料になっています。

**画面1　Salesforceパートナー募集ページ**

AppExchangeパートナー

Salesforce のプラットフォーム上にアプリケーションを構築し、自社アプリをお客様に提供するパートナーです。
AppExchangeサイトはこちらをご覧ください。

紹介資料を見る >

【パートナープログラムの魅力(3分動画)】

AppExchangeパートナー説明会に申込む

▼Salesforceパートナー募集ページ
`https://www.salesforce.com/jp/partners/partner-programs/overview/`

**画面2**のAppExchangeパートナー説明会申し込みフォームに、必要事項を入力して申し込みします。

画面2 AppExchangeパートナー説明会申し込みフォーム

AppExchangeパートナーには、**表1**に示した3つのプロセスがあります。すべてのプロセスを通過すると、AppExchangeパートナーになることができます。

表1 プロセスの種類

| 種類 | 内容 |
|---|---|
| 契約プロセス | 契約の締結 |
| 開発プロセス | アプリのセキュリティレビューの通過 |
| GTMプロセス | 販売戦略 |

APPENDIX

# 巻末資料

# APPENDIX 1
# 学習用コンテンツ

Salesforceの学習用コンテンツを紹介します。

## Trailhead

Trailhead（トレイルヘッド）はSalesforceを無料で学べるオンライン学習プラットフォームです（**画面1**）。また個人で学んだ度合いが記録されるランクもあります。

画面1　Trailhead

## ●Trailheadの特徴

Trailheadは場所をデバイスにとらわれることなく、インターネット環境があればいつでもどこでも学習ができます。モバイル端末での学習は「Trailhead Go」があります（**画面2**）。

**画面2　iOS版Trailhead Go**

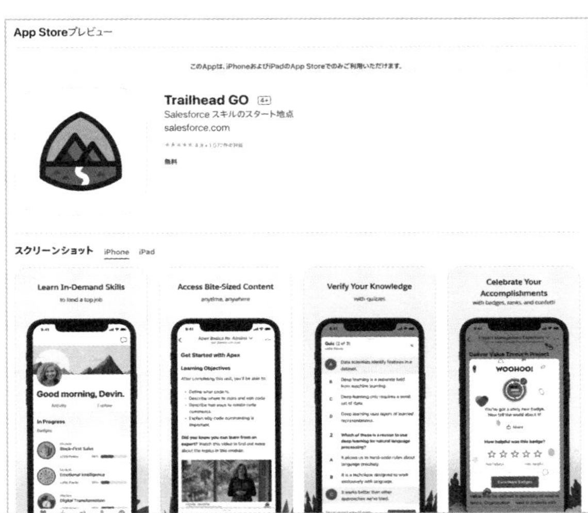


▼Trailhead Go（iOS）

**https://apps.apple.com/jp/app/trailhead-go/id1478801670**

▼Trailhead Go（Google Play）

**https://play.google.com/store/apps/details?id=com.salesforce.trailheadgo.app&hl=ja&gl=US**

## ●Trailblazerランク

Trailblazerランクには、Trailhead内の学習の達成度が反映されます（**画面3**）。モジュールやプロジェクトを完了するとバッジを獲得できます。バッジの中には通常のものより難易度の高いスーパーバッジやイベント時のみ獲得できるイベントバッジがあります。バッジやポイントの獲得に応じて、**表1**のようなTrailblazerランクが決定されます（2022年11月現在）。

## 画面3　Trailblazerランク

ランクを上げよう

SCOUT
バッジ0
ポイント0

HIKER
バッジ1
ポイント200

EXPLORER
バッジ5
ポイント3,000

ADVENTURER
バッジ10
ポイント9,000

MOUNTAINEER
バッジ25
ポイント18,000

EXPEDITIONER
バッジ50
ポイント35,000

RANGER
バッジ100
ポイント50,000

DOUBLE STAR RANGER
バッジ200
ポイント10万以上

TRIPLE STAR RANGER
バッジ300
ポイント15万以上

FOUR STAR RANGER
バッジ400
ポイント20万以上

FIVE STAR RANGER
バッジ500
ポイント25万以上

## 表1　ランクの種類とバッジ獲得数とポイント数

| ランク名 | バッジ数 | ポイント |
|---|---:|---:|
| SCOUT | 0 | 0 |
| HIKER | 1 | 200 |
| EXPLORER | 5 | 3,000 |
| ADVENTURER | 10 | 9,000 |
| MOUNTAINEER | 25 | 18,000 |
| EXPEDITIONER | 50 | 35,000 |
| RANGER | 100 | 50,000 |
| DOUBLE STAR RANGER | 200 | 100,000 |
| TRIPLE STAR RANGER | 300 | 150,000 |
| FOUR STAR RANGER | 400 | 200,000 |
| FIVE STAR RANGER | 500 | 250,000 |
| ALL STAR RANGER | 600 | 300,000 |

## ●Trailheadの学習タイプ

Trailheadの学習のタイプはクイズ形式とハンズオン形式があります。クイズ形式（**画面4**）は選択式で正解を選んでき、ハンズオン形式（**画面5**）は実際の環境で問題に対して問題通り設定ができているかを確認するものです。

**画面4　クイズ形式**

Industries CPQ の基盤 ＞ 設定、価格、見積に関する一般的な課題を特定する

テスト　+100 ポイント

1 営業サイクルで取り扱うレコードの種別はどれですか?

A 商談

B 見積

C 注文

D 請求

E AとBとC

2 正誤問題: マネージャーが手作業で見積を承認すれば、必ず営業プロセスが加速する。

A 正しい

B 誤り

テストを確認して100ポイントを獲得

2 回目の試行で 50 ポイントを獲得できます。3 回以上の試行で 25 ポイントを獲得できます。

予想時間 約 15 分

トピック

学習の目的

CPQ について

営業/納入サイクルの CPQ

CPQ と注文キャプチャ

営業サイクルにおける CPQ の一般的な課題

次のステップ

リソース

Challenge +100 ポイント

このバッジに関するサポート

このバッジに関するフィードバックを送る

**画面5　ハンズオン形式**

### ●Trailheadのメリット

Salesforceの認定資格の学習に利用できることや新しいモジュールやプログラムは今後も更新され数が増えていくので、製品を自社で導入前に実際に触れることができます。またランクもあるので競い合ったりすることでモチベーションにつながり、ゲーム感覚で学習できます。

## Salesforce活用ウェブセミナー

**Salesforce活用ウェブセミナー**は活用コンテンツがまとめられているサクセスナビの中にあり、[活用ウェブセミナー] をクリックします（**画面6**）。

画面6　サクセスナビ

▼サクセスナビ

```
https://successjp.salesforce.com/
```

**画面7**で動画コンテンツがまとめられているので、試聴したいセミナーの動画のリンクをクリックして試聴します。試聴する際にメールアドレスが必要なので、入力後、動画が再生可能になります。

**画面7　Salesforce活用ウェブセミナー**

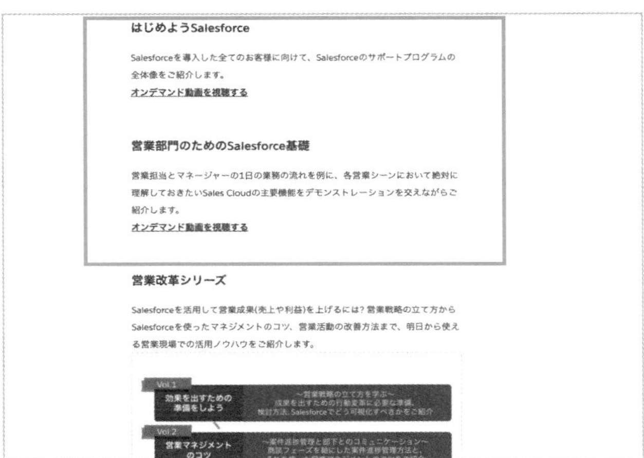


## YouTube

YouTubeにもSalesforceの無料の学習コンテンツがあります。知りたい内容をYouTubeで検索するとヒットすることがあります（**画面8**）。

**画面8　YouTube内検索「Salesforceレポート」結果**

海外のSalesforceの動画もたくさんありますので、日本語検索でヒットしない場合、英語で検索してみるとヒットすることもあります。動画は動きで確認できるのと繰り返し再生できるので学習コンテンツとしてはとても効率良く学習できます。

また、筆者のYouTubeチャンネルになりますが、毎日、Salesforceの使い方の動画を公開しております（**画面9**）。通勤途中などに見やすいよう短時間の動画となっておりますので、もしよろしければチャンネル登録お願いします。

**画面9　Salesforce初心者講座 - KLever株式会社**

▼Salesforce初心者講座 - KLever株式会社
`https://happy.klever.jp/youtube`

# APPENDIX 2

# 困った時は？

Salesforceの設定や操作で困った時の解決法を紹介します。

## サポートに問い合わせ

Salesforceは、サポートを利用することができます。画面右上の「?」のアイコン（Salesforceヘルプ）から［サポートを利用］をクリックします（**画面1**）。

**画面1　サポートを利用**

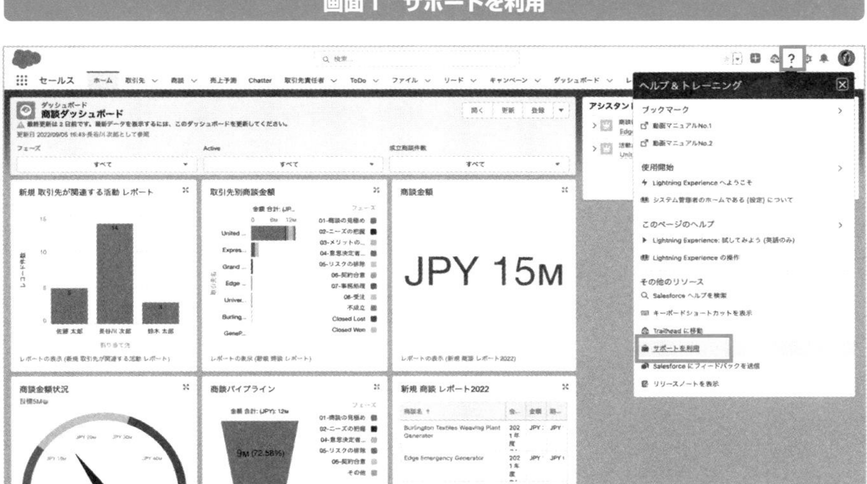


**画面2**が表示されたら、［Salesforce Help］をクリックします。

画面2　Trailblazer.me

Salesforce Helpが表示されたら、[お問合わせ] をクリックします（**画面3**）。

画面3　Salesforce Help

**画面4**の［お問い合せを作成］をクリックします。

**画面4　お問い合せ作成**

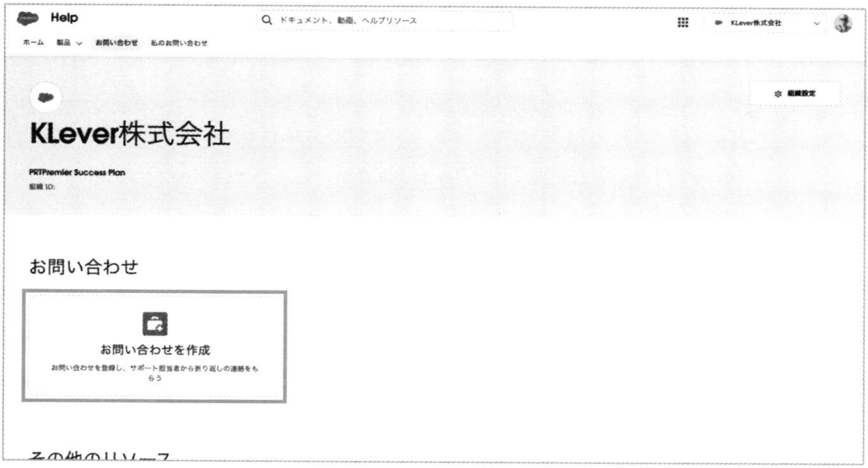

**画面5**でお問い合わせ内容を入力します。

**画面5　お問い合わせを作成**

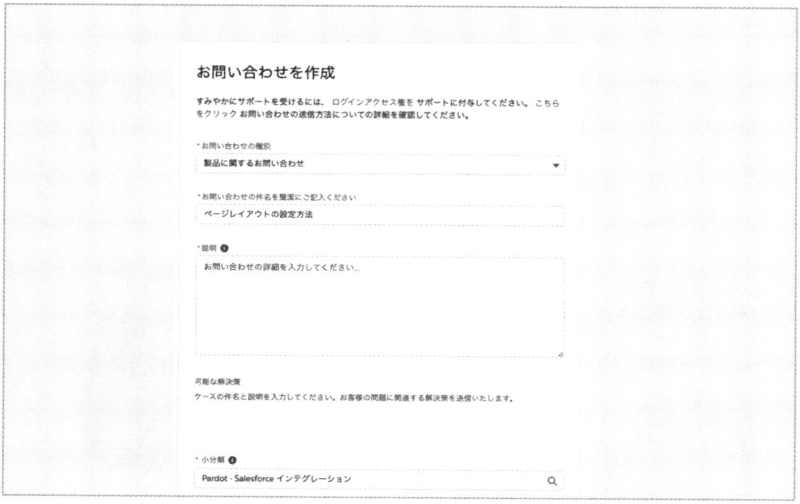

[お問い合わせ種別] は「製品に関するお問合せ」にします。[お問い合わせの件名] は簡潔に記載します。[説明] はできるだけ詳しく書くことでSalesforceサポート担当者により伝わるようになります。

[小分類] は当てはまるものを選択し、[組織 ID または MID] は組織ID入力されている状態になっていますが、設定の [組織情報] で組織IDを確認することができます。[本番/Sandbox] は当てはまる方をどちらかを選択します。

[Salesforceサポートからご連絡を差し上げるのはどのタイムゾーンがよろしいでしょうか?] は、「(GMT+09:00) 日本基準時間 (Asia/Tokyo)」を選択しますが、日本以外で利用している場合は、現地時間と合うものを選択します。[コラボレータ] は必須項目ではありませんが、登録しているお問合せを共有したい方のメールアドレスを入力します。[ファイル] には、スクリーショットなどを添付します。実際の画面のスクリーンショットは伝わりやすいので、文字などを入力して、Salesforceサポート担当者により伝わるようにしましょう。

すべての入力が完了したら [お問い合わせを作成する] ボタンをクリックします。

## Trailblazer Community トレイルブレーザーコミュニティ

Trailblazer Communityは無料で利用できるオンラインコミュニティです (**画面6**)。コミュニティ上でユーザ同士の情報交換やSalesforceのわからない部分を質問することもできます。

**画面6　Trailblazer Community**

▼Trailblazer Community
`https://trailhead.salesforce.com/ja/trailblazercommunity`

Trailblazer Communityのおすすめグループは [* 質問広場〜初心者から上級者まで〜 日本 *] でSalesforceの質問広場となっています（**画面7**）。日本全国のユーザが集まっており、様々な質問と回答を見るだけでも、スキル向上のきっかけになります。気軽に質問でき、質問内容とタイミングにもよりますが、早い場合は5分いないで回答が返ってくることもありました。

**画面7　* 質問広場〜初心者から上級者まで〜 日本 ***

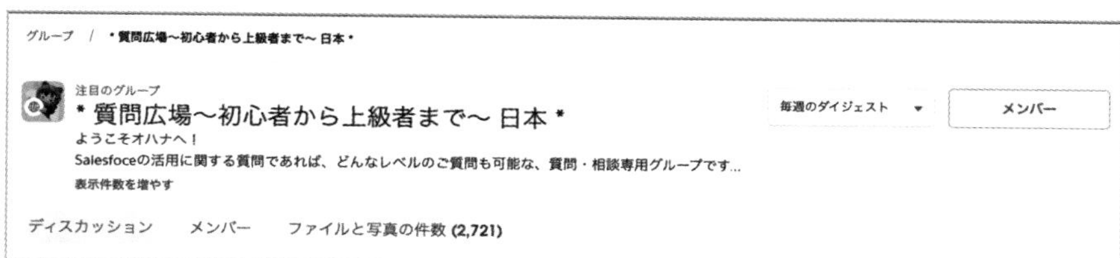


グループ内に [「質問広場」の使い方] があり、質問のしかた、質問のガイドライン、利用時の考慮事項質問のガイドラインが記載されているので、事前に確認してから利用しましょう。

# APPENDIX 3

# Salesforce用語集

Salesforceを使う上で、覚えておいたほうがよい用語をまとめました。

### ● Account Engagement(旧Pardot)

Sales Cloudと連携し、営業活動や商談までを可視化したマーケティング施策が可能なマーケティングオートメーションツールです。

### ● APEX

Salesforceの標準の機能で、カスタマイズが実現できない時に使われるプログラム言語です。

### ● API参照名

API(エーピーアイ)とは、「アプリケーション・プログラミング・インターフェース(Application Programming Interface)」の略した名称になります。オブジェクトや項目に英数字で付ける名前です。

### ● AppExchange

Salesforceのアプリが販売されているストアです。すぐにインストールできる業種別、業界別アプリケーションが多数販売されており、有料版と無料版があります。AppExchangeパートナーになると、自社で開発したSalesforceのアプリケーションを販売できます。

### ● Chatter

Chatter(チャター)は、FacebookやTwitterにとてもよく似たコミュニケーションツールです。メンション(宛先)する場合は「@」、トピックは「#」を使用するとトピックで投稿をまとめることでできます。グループも作成し、メンバーを招待することができます。

### ●Chatterグループ

Chatterグループを作成して、特定の人と情報を共有できます。

・公開：投稿できるのはグループメンバーのみですが、誰でも投稿を参照でき、公開グループに参加できます。

・非公開：投稿と投稿の参照ができるのはメンバーのみです。メンバーの追加は、グループの所有者またはマネージャが行う必要があります。

### ●Experience Cloud

Salesforceのデータを顧客やパートナー企業と共有してコミュニケーションを図ることができ、会員サイトやポータルサイトを簡単に作成できます。

### ●Flow Builder

システム管理者がSalesforceで使用するフローを作成できるクラウドベースのアプリケーションです。

### ●Lightningアプリケーションビルダー

SalesforceモバイルアプリケーションやLightning Experienceのカスタムページを簡単にプログラミングなしで作成ができます。

### ●Lightningテーブル

ダッシュボードの表示グラフの1種。テーブル形式の表現ができます。

### ●Sales Cloud

新規顧客の発掘や案件受注のスピード化を図る機能が用意されている営業支援アプリケーションです。顧客管理の他に案件の管理や見込み顧客管理、売上予測が使用可能で、営業活動を一元化できます。

### ●Sandbox

本番環境のコピーができる検証用の組織です。Sandbox内のでの検証作業は本番環境に影響を受けないので、本番環境の業務を中断させることなく自由に検証が可能です。

### ●Service Cloud

カスタマーサポートを効率よく行うことができる機能が搭載されたアプリケーションです。特徴的なのは「サービスコンソール」という機能で、複数のレコードおよび関連レコードを同じ画面で表示ができます。

### ●ToDo

ToDo（やるべきこと）をレコードに関連させて登録します。例えばある取引先のページでToDoを作成した場合、その取引先に関連したToDoになります。

### ●Visualforce

Salesforceのカスタムユーザインターフェースを開発するためのWeb開発フレームワークです。HTML、CSS、JavaScriptなどのコードを記述して進めていきます。

### ●Web-to-ケース

Webのお問い合わせフォームなどからの問い合わせをケースに自動で登録する機能です。Webには専用のSalesforceで発行されたフォームのHTMLのコードを埋め込む必要があります

### ●Web-to-リード

Webのお問い合わせフォームなどからの問い合わせをリードに自動で登録する機能です。Webには専用のSalesforceで発行されたフォームのHTMLのコードを埋め込む必要があります。

●アプリケーション

ナビゲーションバーの左側に表示されているのは、現在選択しているアプリケーションです。アプリケーションは業務内容に応じてタブをまとめることができます。標準で用意されている「セールス」は営業支援目的としたものです。

●アプリケーションランチャー

アプリケーションの切り替えが可能です。ナビゲーションバーに表示されていない項目はアクセス権があればすべてを表示で表示させることが可能です。

●インポートウィザード

CSV形式のデータを一括で５万件までインポート可能で、データ作成時、取引先と取引先責任者で重複チェック機能があります。

●オブジェクト

Salesforce内のデータベーステーブルで、カスタムオブジェクトと標準オブジェクトがあります。

●オブジェクトマネージャ

すべてのオブジェクトを管理する場所です。

●カスタムオブジェクト

標準オブジェクトとは別に作成したオブジェクトのことです。

●カスタム項目

Salesforceに最初から用意されている標準項目に対して、自分で作成した項目をカスタム項目と言います。

●キャンペーン

広告、メール、展示会などのマーケティング活動の追跡と分析ができる標準オブジェクトです。

### ●キャンペーンメンバー

マーケティング活動のキャンペーンのアプローチするメンバーでリード、取引先責任者、個人取引先の追加が可能です。

### ●グローバル検索

Salesforceで画面上部のヘッダーの検索ボックスから多くのレコードおよび項目を検索することです。グローバル検索は、使用するオブジェクトとそれらを使用する頻度を追跡し、それに基づいて検索結果を編成します。最もよく使用されるオブジェクトの検索結果は、リストの最上部に表示されます。

### ●コミュニティ

従業員、顧客、パートナーに提供されたカスタマイズ可能な公開または非公開スペースであるExperience Cloudで作成されたサイトです。

### ●システム管理者

アプリケーションの設定およびカスタマイズができる組織内の1人以上のユーザ。システム管理者のプロファイルが割り当てられているユーザ。

### ●ダッシュボード

レポートを元に複数のグラフを配置し俯瞰的に把握する機能です。各ダッシュボードには、最大20個のコンポーネントを持たせることができます。

### ●タブ

アプリケーション内の機能の単位になり、例えば［取引先］タブは取引先というようにナビゲーションバーに並びます。タブ毎に表示/非表示を設定することができます。

**●データローダ**

インストールが必要なツールですが、CSV形式のデータを一括で500万件までインポートできます。

**●ナビゲーションバー**

画面上部にあるタブというメニューが並びます。タブの表示順は並び替えることができます。

**●パイプライン**

完了予定日が当四半期にある進行中の商談の金額合計。売上予測ページに表示されます。マネージャの場合、この値には、自分自身とチーム全体で進行中の商談が含まれます。

**●プロファイル**

ユーザによるオブジェクトや項目のアクセス権の設定、アプリケーション、タブ、ページレイアウトの表示/非表示の設定が可能です。Salesforceのすべてのユーザが必ず1つのプロファイルを設定する必要があります。

**●マネージャ**

ユーザの設定で各ユーザが設定できる上司のことです。

**●メール-to-ケース**

サポート用のメールアドレスを用意し、サポート用のメールアドレスに送られてきたお客様からメールの問い合わせをケースに自動で登録する機能です。

**●リード**

Salesforce上で取引の開始されていない見込み顧客を登録ができます。Salesforceで取引の開始を行うと取引先・取引先責任者・商談の3つに自動で移行します。

### ●リストビュー

標準オブジェクト、カスタムオブジェクトの中の数あるレコードから、特定の条件で抽出したレコードの一覧を表示する機能です。

### ●リストメール

リードや取引先責任者のリストビューから選択したリードや取引先責任者のメールアドレスに一括でメール送信する機能です。

### ●レコード

オブジェクトの１行分のデータで、Excelでは１行分にあたります。

### ●レコードタイプ

１つのオブジェクトのレコード（データ）を分類ができ、レコードタイプ毎にページレイアウトを割り当てることができます。

### ●レポート

関連する複数オブジェクト（最大４つ）の複数のレコード（データ）を抽出し、グルーピングして、レコード件数、金額などを集計（最大・最小・合計・平均・中央値）する機能です。

### ●ロール

ロールは階層の設定が可能で、自分より下位のロールのユーザのレコード（データ）を、所有者と同様に閲覧や編集などができます。

### ●活動の記録

完了したToDoまたは活動レコードを登録します。

### ●権限セット

ユーザに特定のツールと機能へのアクセスを提供する一連の権限と設定です。

**●公開グループ**

共通の目的で定義されるユーザのセット。公開グループの作成ができるのはシステム管理者のみです。

**●項目レベルセキュリティ**

項目が、ユーザに非表示、表示、参照のみ、または編集可能であるかどうかを決定する設定です。

**●項目自動更新**

項目を新しい値で自動的に更新するアクション。

**●参照関係**

オブジェクトの結びつきは主従関係より弱く、親のレコードが削除されても、このレコードは削除されません。はじめから設定されている参照関係の例としては取引先と取引先責任者です。

**●取引先**

自社との間で何らかの関係が成立している団体、個人、企業のことです。顧客企業、競合企業、パートナー企業すべてが含まれます。個人取引先という個人に関する情報を保存するタイプもあります。

**●取引先責任者**

取引先に所属する人の情報です。1つの取引先に複数の取引先責任者を登録が可能です。商談では取引先責任者の役割で取引先責任者を登録することで、取引先責任者がどのように商談に関わっているかを管理ができます。

**●取引先責任者の役割**

取引先責任者の役割は、商談において取引先責任者がどのような役割を果たすのかを指定します。

### ●主従関係

オブジェクトの結びつきを示す関係で、主となるオブジェクトに積み上げ集計項目を作成することができます。主となるレコードが削除されたとき、従となるレコードも削除されます。

### ●承認プロセス

Salesforceでレコードを承認する方法を自動化します。承認プロセスでは、承認申請者やプロセスの各ポイントでの実行内容など、承認の各ステップについて指定します。

### ●承認者

承認者は、承認申請への返答を担当するユーザです。

### ●承認申請

承認プロセス設定後、レコードが開始条件に合致した場合、レコードに対して承認の申請が可能です。承認者が承認したかどうかの承認履歴を表示させることもできます。

### ●所有者

レコード（取引先責任者またはケースなど）が割り当てられるユーザ。所有者のみが参照、編集できる設定などができます。

### ●親取引先

取引先が関連付けられている組織または会社。取引先の親を指定することによって、[階層の表示] リンクを使用してすべての親/子の関係を表示できます。

### ●積み上げ集計項目

子オブジェクトのレコード数や数値・通貨のデータ型項目の合計などを表示する項目です。

### ●最善達成予測

各営業担当者が、特定の月または四半期で達成する見込みのある総売上予測金額。マネージャの場合は、自分自身とチーム全体で達成する見込みのある金額に等しくなります。

### ●数式項目

カスタム項目の一種で、差し込み項目、式、またはその他の値に基づいて、値を自動的に計算します。

### ●組織

Salesforceでは、利用しているユーザの会社や団体を組織と呼びます。組織にはIDがあり、組織IDと呼びます。

### ●達成予測

各営業担当者が特定の月または四半期で確実に達成可能な売上予測の金額。マネージャの場合、この値は、自分自身とチーム全体で確実に達成可能な金額に等しくなります。

### ●入力規則

指定される基準に一致しない場合、レコードを保存しない規則です。

### ●売上予測分類

商談を売上予測に計上する売上予測の分類を決定します。デフォルトの売上予測分類設定は、[フェーズ] 選択リストで設定されているフェーズに関連付けられています。特定の商談の [売上予測分類] を更新するには、その商談の売上予測を編集する必要があります。

### ●標準オブジェクト

Salesforceに標準で用意されているオブジェクトです。例：取引先、取引先責任者、リード、商談、ケースなど。

# 索引

INDEX

## か行



## さ行



## た行

## な行



## は行



## ま行



## や行



## ら行



## わ行

■著者紹介

## 長谷川 慎（はせがわ しん）

◎KLever株式会社　代表取締役
◎Salesforce認定Sales　Cloudコンサルタント、Salesforce認定Pardotスペシャリストなど

2016年、Salesforceを導入している清掃会社に入社し、Salesforceに初めて出会う。当時、何の知識もなかったため、Trailhead（無料オンライン学習ツール）で日々勉強した結果、現在までに9つの資格を取得。システム管理者としての業務の中でSalesforceの素晴らしさに魅了され、やがて2018年にSalesforce構築パートナーとして独立、KLever株式会社を設立する。自分が学んでいた時に必要な情報を見つけるのに苦労した経験から、これから学ぶ人のためにYouTubeで「Salesforce初心者講座」(https://www.youtube.com/@salesforcebeginner) を開設し、ほぼ毎日投稿している。

〈連絡先〉
**KLever株式会社**
・Webサイト　https://klever.jp/
・お問い合わせ　https://klever.jp/contact

●カバー作成 成田 英夫（1839Design）
●本文DTP 株式会社 明昌堂

図解入門 よくわかる
最新 Salesforceの導入と運用

発行日 2023年 1月15日 第1版第1刷

著 者 長谷川 慎

発行者 斉藤 和邦
発行所 株式会社 秀和システム
〒135-0016
東京都江東区東陽2-4-2 新宮ビル2F
Tel 03-6264-3105（販売） Fax 03-6264-3094
印刷所 三松堂印刷株式会社

ISBN978-4-7980-6184-9 C3055